JN269649

みちくさ生物哲学

大谷 悟

みちくさ生物哲学

――フランスからよせる「こころ」のイデア論――

海鳴社

目次

はじめに——哲学は生物学である——

本書はふつうの生物学の本でも、ふつうの哲学の本でもない。本書のテーマは、「神経系をもつ生物の行動の基礎過程についての考察」と、「哲学領域でなされてきた議論とこれら考察との比較対応」である。

いきなり結論から手短かにのべてしまおう。世界はおそらく「モノそのもの」と「モノたちのつくる関係」とのふたつからなっている。生物にかかわることのできるのは後者だけであり、「モノそのもの」は、そんなものがほんとうにあろうがなかろうが、生物には知ることができない。そして後者は、プラトン哲学でイデアとよばれてきたものにほかならない。哲学の柱であるプラトンのイデア論は、とりもなおさず生物の特質の中心にかんしておこなわれた議論なのだ。

「モノたちのつくる関係」とはまた、「パターン」であり（渡辺慧）、「事実」であり（ヴィトゲンシュタイン）、「できごと」であり（ホワイトヘッド）、「意味」である（岸田秀）。これらはすべて同じこと、イデアに向けてつけられた別称であり、すべて生物にかんしておこなわれた議論である。言うまでもないことだが、哲学の目的は修辞ではなく、生物とは（そして人間とは）なにかを知ることであろう。健全な哲学が生物学なのはあたりまえである。私たちの活動のすべては「生物であること」のうえになりたっているからだ。

まず哲学に軽くふれたうえで、私の専門領域である脳神経系へと議論をおよばせ、記憶や自意識などを、従来の物質を中心とした説きかたでなく、物質と物質との関係（パターンあるいはネットワーク）から生じる「機能」であるという立場から考察してみた。哲学者と生物学者の双方から攻撃されそうで怖いが、長年あたためていた考えを、ぜひ書いておこうと思ったのである。

「みちくさ……」とつけた理由のひとつは、なるべくリラックスして脱線しつつ書こうと思ったからである。実際、作家思想家の紹介などの脱線は、「注」とことわって随時挿入しておいた。わずらわしいと感じる方はもちろん飛ばしてくれてかまわない。もうひとつの理由は、岸田秀の名著『ものぐさ精神分析』にあやかろうと考えたからである。若いころ「この世はモノの世界と意味の世界からなりたっている」とする氏の言説に触れることなくして、後年このように書をまとめることはなかっただろうと思う。

月並ですが本書は父母にささげます。また、週末ごとマックにかじりつき、外部のいっさいをかえりみようとしない私に、同居人はたいへん苦労しました。それから出版をひきうけてくださり、改稿にあたっては激励の言葉をかけてくださった海鳴社の辻信行氏には、最初に厚くお礼を申しのべておきます。

たぶん損はしないと思います。みなさん中味も読んでみてください。

序章　脳の世紀について

しかし、この抜群の智慧者にして、いかに根かぎり考えても、どうしても判らぬことがあった。それは頬の肉がある状態に置かれれば、なにゆえにひとはそれを痛いと感じなければならないかということであった。

石川淳『鉄枴』より

(一) 脳地図の今昔

二十一世紀は脳の世紀なのだそうだ。

なぜ脳が問題なのか。

脳の発達が人間を生んだのだから、脳の理解によって、人間が理解できるだろうと考えられるからである。文学や哲学や心理学の対象でしかなかった「人間」が、今世紀に蓄積された技術の発達により、来世紀には「科学的」に理解されるかもしれない、と考えられているのである。

とまあ先を急ぐまえに温故知新である。ちょっと図1をみていただきたい。近代科学勃興以前（十六世紀はじめ）に教会関係者の描いた「脳地図」と、現在知られる知識から描いた大脳皮質（左半球）の機能地図とを並列してみた。

「あんまり進歩してないな」

と感じる人と、

「さすがより精密になった」

と思う人と両方いるかもしれない。両者とも的を射ていると私は思う。

ふたつの「地図」には共通点と重要な相違点がある。共通点のひとつは、一瞥してわかるとおり、双方とも脳機能の局在をとなえているところである。この点においては、五百年まえの知識人のとぼしい経験にもとづく推察と直感とが、かなりいいせんを行っていたというべきだろう。しかし、本書のテーマにかんしてより重要なのは、

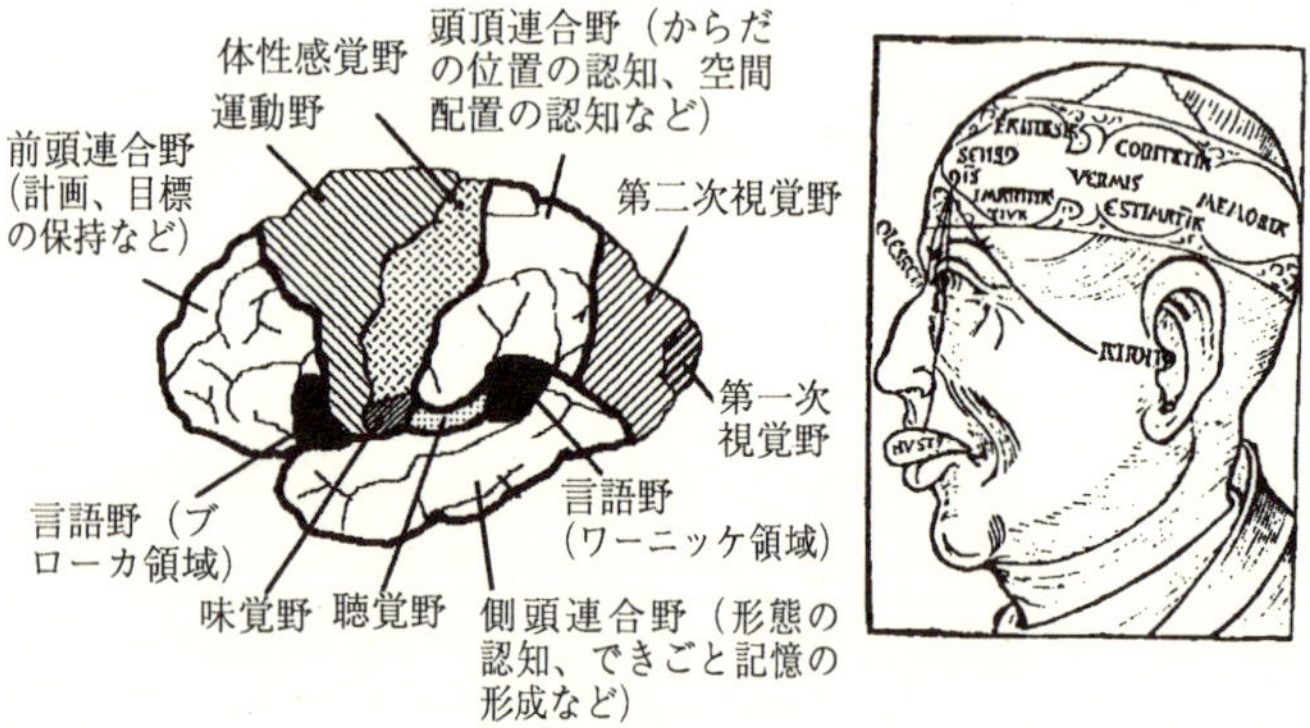

図1　現在知られている大脳皮質機能地図と、十六世紀はじめに描かれた脳機能地図。後者には記憶 (memoria) とか夢見 (fantasia) とか書かれている。両者ともに機能の局在をしめすのは同じだが、現在の地図区分は言葉そのものより、むしろもっと、できごとの要素に対応している。くわしくは本文を参照。現在の脳地図は文献をもとに大谷が作成。十六世紀の脳地図は、G. de Rusconibus によるもので (1520年)、シャンジュー著『ニューロン人間』図1より転載した。

相違点と、もうひとつの隠された共通点のほうである。

隠された共通点のほうからのべよう。『ニューロン人間』の著者ジャンピエール・シャンジュー（注1）も触れているように、五百年まえの知識人は、脳機能が、脳内に空いている脳室や、脳にきざまれたひだにおさまっていると考えた。もちろん現代の私たちは、脳機能が脳室やら脳のひだやらの中にあるのではないことを知っている。事実、現在知られる脳地図は、各種の機能が脳の実質に対応しているように描かれる。しかしこれは、本書でのちのちあきらかにしていくが、むしろそう描くしかないからそうしているのである。厳密にいえば、各実質部分を取ってきたからといって、その内部に「機能」が統一されたなにかとしておさまっているわけではないのだ。私たちは、脳機能の発現のためには脳細胞群という実質が不可欠であると同時に、脳細胞群と脳細胞群とが、そして各脳細胞群内部では脳細胞と脳細胞とが、はたらきあわなくてはだめだということを知っている。十六世紀の知識人が機能を脳の実質そのものに対応させず、脳内外の実質と実質とのあいだにもとめた事実は、すでに彼らが「機能」とはモノそのものではなく「モノによってなされるところのなにか」であることに気づいていたことを示唆する。この相似は重要である。

（注1）シャンジュー（Jean-Pierre Changeux）は、ノーベル賞学者ジャック・モノー（Jacques Monod）の弟子にあたる有名な生化学者で、思想家である。一九八三年出版の主著『ニューロン人間』で彼は、精神活動を神経細胞とその連結部であるシナプスのはたらきに帰して、フランス思想界に「衝撃」をあたえたという。当時の状況を私は知らないが、その程度のことでびっくりしてしまうほど、フランスの、ひいてはヨーロッパの思想界は保守的だったのであろう。シャンジュー氏の謦咳にはカレッジ・ド・フランスの公開講義で接したことがある。

同時に現代の私たちは、脳科学の知見をもってすると「言葉」は解体されなければならないことにも気づいている。私たちと五百年まえの知識人との相違点とは、彼らが、いわゆる精神機能が「記憶」「夢見」などという現存する「言葉」にすんなり対応すると考えた点である。

現代的にいうなら、これら言葉は、脳の複数部分がはたらいた結果、うみだされたものであり、記憶なら記憶という統一体があると思うのは、文字どおり錯覚である。側頭葉ができごとにかんする記憶の形成に重要なのは事実だが、側頭葉の中で「記憶」ができあがるわけではない。「記憶」とは「できごと」がたくさんの脳細胞にきざんだ変化の集合のことであり、同時にその集合のうみだす状態のことであり、またその状態を再現しようとする過程のことなのだ。側頭葉をとり除くとものを覚えられなくなるのは、そこができごとをきざむために重要な中継点だからにすぎない。「記憶」とは、複数部分のはたらきのうみだす「感じ」に、最終的に対応させられた言葉である。言葉はひとつのほうが経済的で便利だが、だからといってひとつの実体があるのだということにはならない。

これら部分（各脳内過程）と全体（最終的な「概念」）とを、構造と機能というふたつの面から記述するのが「脳の世紀」の目標だと私は思うが、いかがであろうか。

（二）なにを知りたいのか

このようにみると、脳のある一部分に穴ほり作業をほどこし、ある「機能」の源泉をもとめようとするのは、必ずしも得策でないことがわかる。脳を理解し人間を理解するためには、穴ほりも必要だが、地上に立って全体をながめるのも必要だ。「脳の世紀」には絶対に両方がもとめられ、いやしくも「人間」を理解するというのなら、それにくわえて哲学文学心理学などとの提携も絶対不可欠であろう。

現状はどうなっているだろうか。ここからはしばらく愚痴になるが、がまんしていただきたい。

「理解する」の定義のつけようによっては、来世紀あたりには、たしかに人間が理解されるかもしれない。しかし今のままでいけば、その理解のされ方は、テレビを分解してすべての部品の性質をこと細かく記述するようなものにしかならないかもしれない。それで、

「俺はテレビを理解した」

と満足できる人は、お金を払って買ってくださったのならもうしわけないが、はじめからこんな本を手にとる必要はなかった。

私たちが本当に知りたいのは、テレビの構造とそこから流れてくる映像との関係の方であろう。なぜ、レコードとCDの構造は違うのに、聞えてくる音楽は同じなのか、そういうことであろう。

自然科学の世界では、「客観的記述」が励行されている。つぎの比喩を考えていただきたい。夏目漱石（注2）のロンドン留学時代のことは、くわしく調べられている。明治何年、何月何日、どこに投宿し、下宿代はいくらであったか。下宿の主人はなんという名前で、どういう家族構成であったか。細かく調べていけば、いくらでも「問題」はあらわれ、膨大な情報が蓄積されるだろう。本の二冊や三冊、またたくまに著わされるだろう。しかしそれで、夏目漱石という人物の、なにがわかったのか。夏目漱石が知りたければ、その人についてまず仮定をつくり、検証に必要とあらば、下宿代をはじきだす方がいいだろう。ニーチェがいつどこでだれから、

いくらの代償とひきかえに、梅毒をうつされたかがわかっても、それだけではニーチェの哲学はわからないだろう。保証する。

（注2）漱石その人について解説しようなどというおこがましい意図はない。ただひとつ記しておく。ロンドン留学をへた彼が、安普請の日本は西洋文明のうわっつらを取りいれて上滑りに滑っていくしかないと異文化のほんとうの吸収に懐疑的だったことである。（森有正にかんする注（注22）も参照）。

「なぜコノハムシは、あんなにも木の葉そっくりなのだ」

「なぜリボ核酸（RNA）の塩基の三つぞろいは、ある特定のアミノ酸を引き寄せる暗号となっているのだ」

「なぜ頭頂葉は空間認知に重要で、側頭葉は形体認知なのだ。なぜ逆ではないのだ」

多くの人が心中いだいている、生物に関する根源的な問いは、厳格な自然科学の研究室では、存在しないことになっている。たくさんの研究者が、そのようになっている、ということを前提として、つまり夏目漱石は、それがどんな意味であれすでに夏目漱石である、ということから出発して、下宿代ならぬ神経細胞の性質を分析記述している。そうすればおのずから、漱石の人と文学を理解できるということになっているからである。

どうして、そうなってしまうのか。前提そのものが、この場合一番知りたいことではないのか。

物理化学という大先輩の敷いたレールの上を走っているかぎり、かどは立たないし、その上を速く遠くまで駈けた人物が、勢力をにぎるしくみになっているからである。

アメリカでは、論文を発表しつづけないと、首を切られ、文字どおり、生きていけなくなる。重箱のすみをつつくような内容であれ、最少、一年に一つくらいのペースで発表しつづけなければならない。日本やヨーロッパの事情は、それよりは穏やかだが、基本的な考えは同じである。たとえばフランスの研究者は、多くが国家公務員で、生活費だけはかんたんには取りあげられないが、研究費は、まわってこなくなるだろう。

分析できることがらは、無尽蔵である。一人の研究者が、四十年かそこらの活動期間内で知りつくすことのできる量ではない。さらにタチの悪いことに、この分析行為はむやみにおもしろいのである。はまった研究者は、となりを横目で気にしながら、週末を犠牲にし、家族をかえりみず、洞窟の中でツチをふるいつづける。性格だって変わる。やり手の研究者に独身や家庭崩壊の経験者がやたらに多いのは、主としてこのためである。女性なら結婚は最初からあきらめたほうがいい。

かくて、部品の一個について、詳細きわまる分析をおこない、それを論文に記述することに一生をささげ、生物の根源にかかわる理解は後世にゆだねる、ということになるわけである。

しかしながら、こうして蓄積された医学生理学の知識から、なにも結論がでなかったわけではない。ひとつ、ほぼ確実に正しい結論がみちびかれた。

「生物の活動の基礎には、物理化学の法則にのっとる反応がある」

ということであった。疑いないのだが、これでは、らっきょうの中味を知ろうと皮をはいで調べているうち、当のらっきょうがなくなってしまったようなものだ。

部品に関する物理化学的知識は、必要である。しかし、じつはほんとうに知らなければならないのは、物理化学的な反応の、組みあわされかたの方であろう。テレビの部品がある目的のために組みあわされ、テレビの機能を発揮するように、生物という物理化学機械の部品も、目的のために、すくなくとも結果的に目的に合うように組みあわされ、生物の機能を発揮する。テレビは人間が組みたてたものだが、生物は「神」でないとすれば、「だれ」がどんな「意図」にもとづいて、組みたてたのか。

自然科学の研究室でこんなことを問いはじめれば、

「余計なことはあとまわしにして、仕事をしろ」

と、上の者から叱咤されるのがおちである。だから私は自宅でこれを書いている。

もとより、長い進化の時間をかけてできあがった生物機械の精密設計図を、すっかり広げてみせられるとは思わない。それは私の能力にあまる。しかし、自然科学と、自然科学者が不当な優越感のため小馬鹿にしている哲学や心理学とのあいだに、橋を架け、自然科学者の記述してきた現象にどんな意味があるのかを、いくらかでも示すことができれば、とりあえずの私の意図は達成されたことになる。

第一章では、哲学上の議論で生物にかかわり深いものをとりあげ、基本的な考えをしめす。そのあと、第二章では、左右対称型で脳をもつ、もっとも原始的生物であるプラナリアの研究をとりあげ、こころの物質的基礎にせまる。それから第三章で、より「高等」な動物の脳のはたらきをややくわしくみる。第四章では哲学にもどり、それまでなされた議論を、思想の全体的な流れの中において考察することにしたい。

第一章　プラトニアン生物学宣言

(一) デカルトへひとこと

自然科学者は一般に、哲学者を馬鹿にしている。

「ひとの出した結果の旨いところだけをとって、現実ばなれしたことをしゃべるいかがわしいやつら」

くらいに思っている。ここで哲学とよぶのは、倫理哲学や宗教哲学ではなく、本来の哲学、自然哲学のことである。

たしかに、

「補足運動野が『精神世界』と交信することで『自由意志』がうまれる」

などとノーベル賞受賞者（ジョン・エックルズ、医学生理学賞。一九九八年死去）がいい出せば、自然哲学の株はおちる。

しかし私は「疑問と批判の学問」という哲学本来のすがたになら、賛成である。他人の出した実験結果を、ああだこうだと批判吟味する人々がいてもいい。評論家が小説家からきらわれるように、そんな人種は実験科学者からきらわれるが、むしろ名誉なことなのだ。

「疑問と批判の学問」の哲学がまず最初に疑うべきものは、

「自分の意識以外のモノは、本当に存在しているのか」

だとバートランド・ラッセルはいう。いっさいの対外行為は、自分以外のものが実在すると信じたうえにたち、おこなわれるからだ。

ところで「近代哲学の父」ルネ・デカルトは、世界を正しく理解するための理論をうちたてるにあたり、もっとも確かなことから出発しようと、まず疑えるものをすべて疑いつくしてみた。その結果、最後に疑いえないこととして残ったのが、「自分自身が疑っていること」だった、というのはよく知られている話である。こうして、

「疑いえない、わたしの意識の存在」

がすべてのことのはじまりにある、ということになった。だからこそラッセルは、最初に疑うべきものは、自分以外のものの実在だとしたのである。

けれどまず、この前提そのものに疑問をさしはさむことから、始めたい。（ラッセルの名誉のためにいっておけば、彼も、同じではないが似た議論をしている。）

デカルトのいったことは、

「われ思う、ゆえにわれあり」あるいは「われ考える、ゆえにわれあり」

と日本語訳されている。これを若いころ、哲学の大前提だと教わったとき、

「なんか、へんだな」

と感じた。なにがへんなのかというと、いきなり「われ」がきているところが、へんなのである。

この前提は、原典では、

「Je ponse, donc je suis」

英訳でも、

「I think, therefore I am」

である。平明な現代日本語でいえば、

「わたしは、考える。したがって、わたしは、いる」

となる。

しかしこれに忠実にしたがうと、まず「わたし」という実体なり器なりがあり、そいつが考えるということが、そいつの存在の証しだ、ということになってしまう。するとどうしても、

「最初にある『わたし』とはいったいなんなのだ」

と問わなければならなくなる。

私でさえ気づくこの程度のことに、大デカルトが気づいていなかったとは考えにくい。事実、養老孟司は、「気づいていた」という見方をとっているようだ。デカルトは方法序説をフランス語で書いた。右の前提も当然フランス語でいわれたわけだが、

「Cogito, ergo sum」

とラテン語でも、言明されたというからである（注3）。

（注3）ところで現在では原典より有名なこのラテン語版を、どこでデカルトが言明したのか、寡聞にして私は知らない。『方法序説』原書をひっくりかえしても出ていない。フランス人の知人数人も知らなかった。野田又夫も明記していない。多分、学問書はラテン語で書かれるという当時の習慣を反映して、ラテン語訳が、本人や人々の口の端にのぼるうち、そちらの方がよく知られるようになったのだろう。

ラテン語だと、最初の「わたし」がない。動詞の語尾変化さえさせれば、主語は省いてもいいらしい。それから、「ゆえに」にあたる言葉も挿入されていない。故意にそうしたのか、ラテン語の性質なのかは、私は知らない。故意であったとすれば、重要なことである（後述）。

生理学にも手を染めたデカルトは、現代の神経生理学の知識なしでも、考えるということ自体が「わたし」なのだ、と思っていたのかもしれない。厳密にいえば、「わたし」の形態的側面が神経系であり、機能的側面が考えるということで、どちらかがひとりで存在するものではないらしい、と。

しかし、これはデカルトに点があますぎる、とやはり私は思う。

デカルトにとって神の存在は大前提だった。それを疑ったりはしなかった。同様に、「わたし」という精神の存在それ自体も、前提だったのではないか。つまり、精神はまずあり、それがはたらく（考える）ことが、この世の中のできごとのうちでは、疑いえない最初のことだ、そのように考えたのではないか。

事実デカルトは、精神のはたらくための場所が、脳内の松果体（進化の早い段階では、光を感じる第三の眼として体表面に露出していた器官で、身体の日周期リズムをつかさどる。いまだにこの眼をもっている生物もいる）だとした。精神と、そのはたらきとは、ふたつのべつのものとしてあつかわれているようだ。

なぜ松果体かというと、ほかの脳内の構造はすべて一対あるのに、松果体だけは（ほんとうはほかにもあるのだが）、一つしかないからだ、というのが有力な理由のひとつだった。松果体を補足運動野におきかえたのが、現代のエックルズだったわけだ。

デカルトの時代ならまだしも、なぜエックルズほどの人まで、心身二元論にたやすくおちいってしまうのだろうか。

私たち日本人は、中学校の英語の時間、「雨が降る」は「**It rains**」であると教えられ、釈然としない思いをあじわう。

「このイットってなんですか」

質問しても、先生は納得のいく説明をしてくれない。先生だって日本人なのだ。

英仏人が、

「**It rains**」「**Il pleut**」

と口にするとき、無意識にではあろうが、自然のぬしのような主体を想定してはいまいか。少なくとも、言語の構造上、主語主体がはっきりしていなければ、にっちもさっちもいかない。

「わたし」についてもそうで、話し言葉でも書き言葉でも、主語が省かれることは、まずない。「わたし」はつねに表現され、外界と峻別される。

かつて日本語は、「曖昧だ」と西欧人から批判を受けたそうだが、右のことに関するかぎり、じつはまったく曖昧ではなかった。自然には「it」であらわされるような主体などないし、私たちの脳内には「I」や「je」であらわされる主体がまずあるわけではない、と思うからである。だから、

「わたしは、考える。したがって、わたしは、いる」

という前提の、最初の「わたし」は、はぶかれるべきである。

「考える。したがって、わたしは、いる」

さらに、「したがって」という接続のしかたも、へんなのだ。なぜなら、そうくると、「わたし」という実体のあることを前提として話していた、ということになるからである。

究極的に、デカルトの前提は、「わたし」の機能的側面にかぎれば、つぎのように言いなおされるべきだ。

「考える（思う、感じる）。それがわたしだ」

英語で無理にいうなら、

「Thinking consists of I」

こうして最初の「わたし」を打ち消したうえで、考える、思う、感じる、というはたらきがまずあるということになった。が、そもそも、考えると思うことができるのは、自意識があるからである。最初の「わたし」をせっかくとりのぞいたのに、考えるということをみている「わたし」が、後方にひかえていたのだ。ではこの「わたし」は、いったいなんなのか。

神経心理学者によく知られている、盲目視（blindsight）という現象がある。第一次視覚野に部分的なきずを受けた人は、視野の一部が見えなくなる。見えない視野の一角に、小さな物体を置いたとする。もちろん、なにもみえないと患者はいうが、とにかくなにかがあるから、あると思うところを見てごらんなさい、とうながすと、患者は、見えていないはずの物体の方に、それがあるとは知らず、目を動かす。「見る」ということと、「見ていることを知る」こととは、べつの脳内過程なのである。

少々まわりくどくなったが、じつはこの「見ていることを見るわたし」こそ、デカルトが、

「わたしは考える……」

と唐突にもってきた、あの「わたし」の実体なのであろう。

デカルトやエックルズは、これをからだから独立して存在するもの、「精神」だとしたのである。自分の中に、あたかも「非物質的な」もう一人の自分がいるかのように感じられるから、それがからだ（物質）から独立して存在するのではないかと考えたのだ。

くわしい議論は、第三章（三）の「ある種の神経細胞は、他の神経細胞からの入力を刺激源とする」にしめすが、見ていることを見る「わたし」は、見る「わたし」と、じつは同じことなのである。考えること自体が「わたし」であるように、考えることを感じること自体も、同じ「わたし」である。両者とも脳の中にあり、質的なちがいはない。

感覚することを「身」のほうに押しやり、感覚することを感じることを「心」の側に入れて、二つを分かち、あまつさえ、後者には「崇高な」とか「偉大なる」とかの美辞を冠してあがめ、「身」は下等なものとして差別した。これは、西欧人を筆頭とする近現代人の犯したもっとも大きなあやまちであった。

（二）私たちはいったい何を見ているのか

私は、見たり聴いたりそれらについて考えたりしているものだけれど、私の感覚器をへて入ってくる刺激は、本当に外界に存在するなにものかによって、起こされるのだろうか。それとも、本当はモノなどないけれど、感覚器の活動があるかのような感じを生むだけなのであろうか。さきほどのラッセルの問にもどることにしよう。

「モノなどというものはない」

と、くりかえし説いたのは、十八世紀前半に活躍した、アイルランド生まれの哲学者で神父の、ジョージ・バークリーであった。

「モノと呼ぶのは、心の中に存在する『感じ』である。感覚器によって感じられることが、存在のすべてであり、感覚器に独立した、感じることのできないモノなどというものは、ない。つまり一部の哲学者や物理学者のいう、モノそのものなどというものは、ない」

バークリーがとくに強く批判したのは、経験主義哲学の祖ジョン・ロックであった。ロックのいう、色やにおいなどの「性質」を私たちに感じさせるところの「モノそのもの、matter」などというものはない、と反発したのだ。

ロックにいわせれば、モノそのものは、時間軸にそって空間を占拠する、色などの性質をもつところの、絶対的ななにものかということになるのだが、バークリーは、

「それはいったいどのようなものなのか、言ってみろ」

とかみつく。

「言えないだろ。それについて、なんらかの感じをいだくことは、できないだろ。そんなものはないいんだ。あるものは、感じられる。感じられないものは、ないのだ」

彼にとって存在するのは、「心」あるいは「精神」と、それの生む「感じ」、それだけである。当然ニュートンの提唱した、絶対不変の時空間の中をモノが運動する、などという世界はありえないとした。

ただ、感じることだけからこの世界はできているとすると、やや不都合がおきてくる。バートランド・ラッセルはそう考えた。目を閉じ耳をふさいだら、そのあいだだけ、世界（として感じられるもの）の一部は、存在することをやめるのだろうか。

バークリーにいわせれば、

「そのあいだも、べつの精神が感じている。つねに感じている精神は、神である」

しかし全知全能の神など、それこそ感じることのできない者としては、そうもいかぬ（注4）。

（注4）バークリーは、「感じることのできないものはない、というのだったら、おまえがあると主張する『精神』を、おまえはどのように感じられるのか言ってみろ」という反問に対し、「精神は感じられるものというよりも、私たちがそれについて知っているなにものかである」と、やや苦しい回答をあたえている。

ラッセルは自問する。ネコが部屋の中を、視界を横ぎって歩いていくとする。やがてそれは、障害物のむこう側へかくれる。数秒後、反対側からあらわれる。この場合、物かげに消えていた間、ネコは存在することを停止していたのだろうか。そして、あとで、存在を再開することになったのだろうか。

そうではない、という保証はない。ネコがいったん本当に消えたのではなかった、ということを、私たちは知ることができない。しかし、

「ネコは物かげでもずっと存在していて、反対側からあらわれたのは、存在しつづけていた、当の同じネコであるらしい」

と私たちは考える。どちらかといえば、そうした方が話がかんたんだからである。ネコにかぎらず、私たちの感覚とは独立したなにものかが実在する、と考えた方が、どちらかといえば便利である。

「それだったら、そういうことにしよう」

とラッセルは提案する。

しかしながら、もちろん、そうしたとしても、バークリーが指摘するように、それが本当に

どのようなものなのか知ることはできない。ゴルジ染色をほどこし光学顕微鏡で見る神経細胞と、走査電子顕微鏡で見る神経細胞とは、様相がまったくことなる。ふたつとも「神経細胞」だが、本当の神経細胞をみることは、できない。（図2は、ネズミの前頭前野の錐体細胞をバイオシチンという染料で染め光学顕微鏡で拡大したもの）。

さて、ここからは私見である。

もの本来のすがたがわからない、と思いなやむより、もの本来のすがたなどわからないように私たち生物はできているのだ、と開きなおった方が、建設的ではなかろうか。

宇宙のどこかで、ヘリウム原子とヘリウム原子がぶつかり、はじける。あるいは、水中で、塩化ナトリウム分子が塩素イオンとナトリウムイオンに分かれる。これらのことと、たとえばある化学物質が、鼻粘膜中の受容細胞にくっつき、それを興奮させることとは、二つのべつのことである。前者には、必然的な、そうなる以外にないとしかいえない、物理化学的因果関係がある。後者にはない。化

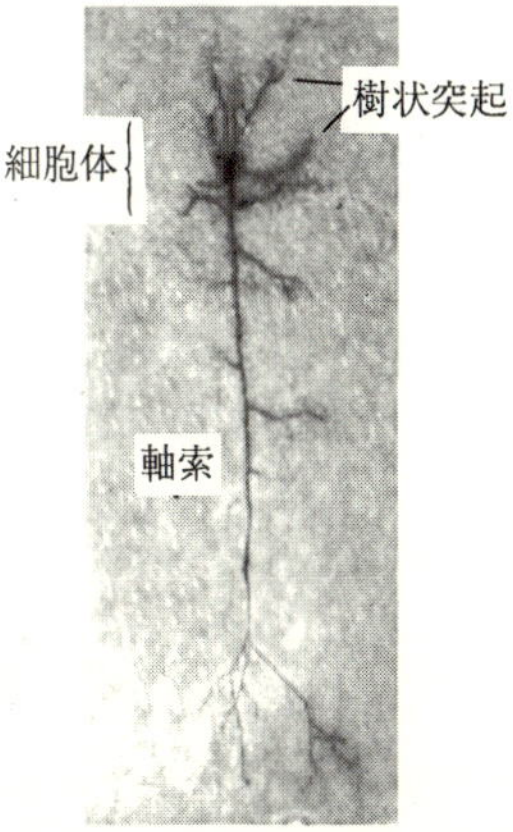

図2　バイオシチンによって染められた、ネズミの大脳皮質前頭前野の第五層錐体細胞。軸索は部分的にしかみえていない。大谷による。

学物質がくっつくことと、細胞膜が興奮することとのあいだには、必然的因果関係はない。分子がくっついたからといって、細胞膜が興奮しなければならない道理はないのである。分子の結合と、細胞の興奮（ふつうは細胞膜電位の脱分極）とのあいだには、一連の物理化学的反応が介在し、反応ひとつひとつをとってみれば、なるほど物理化学的に決定されている。しかし、それらがあわさって、ある分子の結合が、最終的に細胞の「興奮」をひきおこすようになる一連の過程には、いくつものあそびが介在していて、最終的にそうならなければならない道理はないのだ。げんに、ほかの種類の感覚細胞の膜は、光子が触れると興奮するようになっていたり、物理的な力が加わると興奮するように作られている。「化学物質の接触」──「受容細胞膜の脱分極」というふたつのできごとの組みあわせは、いわば恣意的な、「約束ごと」なのである。池田清彦の、

「生物の構造と言語は似ている」

というのは、このことをさしている。

モノそのものと、それが引きおこす生命現象とのあいだには、関係上の「断絶」がある。このことゆえに、生物はそれぞれにそなわった仕方でしか、モノに接することができないのだ。

(三) 私たちは「イデア」をみている

と、開きなおっても、さらにまたべつの問題がたちあらわれてくる。ひと言でいえば、概念の世界は実在するのか、ということである。超自然現象について語ろうというのではない。狂っていないという保証のため、バートランド・ラッセルの挙げた例をここでも取ることにする。

「エジンバラは、ロンドンの北にある」

という事実を考えてみよう。ロンドンは実在する（ということにした）。エジンバラも実在する。では、北にある、は実在するのだろうか。そういうことである。

もちろん、パンドラの箱ではあるまいし、「北にある」を物体のように提出できるわけではない。にもかかわらず、「北にある」という関係（パターン）は、やはり存在するように思われる。もちろん人間が全部いなくなれば、誰も、

「北にあるなあ」

とは思ってくれなくなる。しかしこれは、モノそのものについても、言えることである。感じるものがいなくなってもモノはそのまま存在しつづける、という立場をとるのなら、モノとモノとの関係もやはり存在しつづける、としなければならない。

賢明な読者は、もうお気づきであろう。

モノを感じることと、モノとモノとの関係を感じることとは、じつは同じことなのである。ラッセルは（すくなくとも一九〇〇年代初頭の時点では）、この点に気づかなかったようだ。ホワイトヘッドの言葉を借りていえば、どちらも「できごと」であり、ヴィトゲンシュタインにならっていえば、どちらも「事実」である。私たちが一般に「認識」とよんでいる心的活動の対象であろう。

話を整理してみよう。

視覚刺激、聴覚刺激など、バラバラな刺激が感覚器に入ってくる。これらは「感覚」をうむが、私たちが「感じる」とき、バラバラなものをバラバラなまま感じるのではない。視野にある物体があったとすると、私たちの感じるのは、

「目のまえにモノがあるというコト」

という私たちに都合のよいように編集された（つまりゲシュタルト化された）ものなのだ。まったく同じく、私たちは、

「あるモノがあるモノの横にあるというコト」

を感じる。モノそのものがよもや実在するとしても、これらのコトは、つまり「できごと」あ

るいは「事実」は、モノではない。モノから構成されているけれど、モノではない。そのモノがなんであっても、コトは同じく成立するからだ。

私たちが存在しつづけるかぎり、コトは存在するし、

「私たちが消えてなくなってもモノはそのようにありつづける」

という立場をとるのであれば、コトもやはりありつづける。

この「なになにであるというコト」とは、とりもなおさず、プラトン哲学で「イデア」とよばれたものである。生物はイデアしか「感じる」ことができないのだ。さらに言えば、イデアを感じることが、私たちが一般に「意味」(岸田秀)とよぶものなのだ。

「イデアを感じる」ことの表出が、ヒトの言葉である。言葉の数だけイデアはあり、イデアとしてかたちづくられることのない刺激は、言葉でいいあらわすことのできないものだ。

(四) 生物はコトである

このようにモノとコトとを対比させると、同じ対比が、形態と機能にぴたりと当てはまることに気づく。

手はふつう、握ったりつまんだりするために使われる。ところがある種の人々は、その長さ

と硬さを利用して物理的衝撃をあたえるために使用する。好みによっては、頭部や足を使用することもできる。「衝撃を加える」というコトは、ある形態上の条件を満たしていさえすれば、どんなモノによっても発揮されうる。つまり厳密には、機能は形態によって決定されない。

また、養老孟司のあげた例だが、心臓は血液循環という機能のためにある。しかし心臓は「心臓」である必要も、じつはない。ポンプ作用をうまくおこないさえすれば、プラスチックの人工物であっても、さしつかえないのである。同じ論法は、生物の部品のすべてに、脳細胞にさえも、あてはまる。だからこそ一部の学者は、人工知能を生みだそうと本気になっているのである。心臓はモノとして提示することが可能だが、循環は提示できない。ちょうど「北にある」をモノとしてとりだすことができないように。

「コトとしての生命」を明言したのは、渡辺慧であった。生物は、機能——コト——のかたまりとして捉えられるべきものである。形態や構造は、生物を生物たらしめる要素としては、機能を遂行するための第二義的なものなのだ。

第一章を閉じるにあたって、生物に関する考察をまとめてみると、次のようになる。

一、感じること自体がわれであり、われが別個に存在するわけではない。

二、その私たちの感覚に独立して、外界は存在するようだ。
三、しかし私たちは、外界にあるモノそれ自体を感じることはできない。
四、私たちが感じられるのは、モノではなく、コトである。コトはイデアとよばれている。
五、私たち自身が機能というコトからできあがっている。
さてこれで、生物を考えるとき、なにを問題にするべきなのかが、みえてきた。プラトンの指さした天上にイデアはあるのではなかった。イデアは生物自身だったのである。

第二章　生物の心的活動の物質的基礎

(一)　プラナリアの記憶転移の実験

パブロフの犬は、あまりにも有名である。肉をあたえられるまえに、毎回メトロノームの音をきかされた犬は、ついにメトロノームの音をきくだけで、唾液をながすようになる。

パブロフ条件づけは、唾液の分泌にかぎらず、べつの自律神経の反応にも、効果を奏する。感覚神経系にさえも、効く。古い歌を耳にすると、それをよくきいたころの情景を、まざまざと思いだす、ということがよくあるし、特定の匂いが、特定の人物の記憶にむすびついている、ということもある。

パブロフ条件づけは、犬で最初に観察されたから、「高等」な動物でないとみられないと思っている人が多いかもしれないが、そんなことはない。一九五〇年代の終わりに、アメリカのマコーネルという学者は、「下等動物」のプラナリアに、パブロフ条件づけを教えこみ、有名な一連の実験をした。

プラナリアとは、図3のような、ちょっと怪しげなかたちをした、体長十ミリ前後の、多くは淡水産の扁形動物である。この仲間はいちようにひらべったいので、この名がある。かろうじて頭部と胴とに別れており、頭部には眼や、神経の集中部、脳がある。扁形動物は、脳をもつもっとも「下等な」動物である。これより原始的だと、クラゲやイソギンチャクのような放射型の腔腸動物になる。

プラナリアの全身には、移動のための神経網が縦横に規則ただしく走っている。おなか側中央部には口があり、またオスとメスの生殖孔がひとつずつある。

神経系は、よく発達している。人間の神経細胞のもつ、興奮性アミノ酸、抑制性アミノ酸、アミン類（ノルアドレナリン、ドーパミン、セロトニン）、アセチルコリンなどを、す

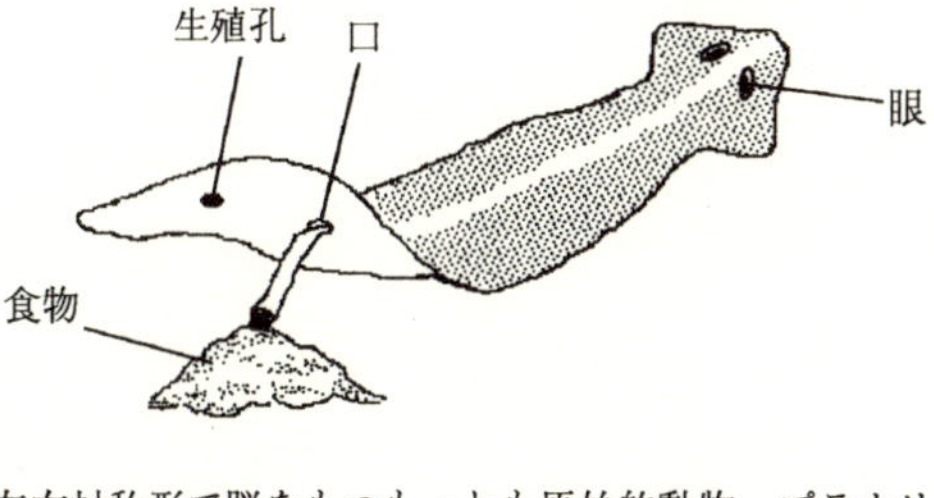

図3　左右対称形で脳をもつもっとも原始的動物、プラナリア。Pechenik, *Biology of the Invertebrates* (2nd edition, Wm. C. Brown Publishers, Dubuque IA, 1991) 中の図を、許可をえて参照し描いた。

でにもっているし、神経細胞のかたちや、電気的な活動も似ている。細胞と細胞の連結部、シナプスとよばれる構造も、よく似ている。基本的な神経系のはたらきは同じ、と考えてよいだろう。

プラナリアの最大の特色は、そのもの凄い再生能力である。サメの歯のはえかわりや、トカゲの尻尾切りなど、およそ敵ではない。半分にちょん切られても、頭部は胴体を再生し、胴体は頭部を再生して、数週間後には、二匹の立派なプラナリアになってしまう。種によっては、生殖活動でなく、自分で自分を切断することで、個体数を維持しているという。

さて、マコーネルのパブロフ条件づけにもどろう。

プラナリアを飼育している水槽に、数ミリアンペアの弱電流をながすと、驚いて身をすくめる。感電させる前に、マコーネルはプラナリアに、光を照射するということをした。光刺激を数秒つづけ、最後のところで感電がいっしょにくるようにしたのである。

光刺激は、パブロフ犬の場合のメトロノーム音と同じで、それ自体では、プラナリアにすくみ反射をひき起こすことはできない。しかし、何度か「光刺激—感電」をくりかえすうち、プラナリアはついに、光刺激だけで、身をすくめるようになった。光刺激が、直後の感電の到来を予知することを、覚えたのだ。

ここでマコーネルは、変わった操作をした。学習したプラナリアを、頭と胴とに切り分け、それぞれ一匹のプラナリアに再生させた。そして、いったいどちらのプラナリアが、光刺激が感電の到来を予知することを覚えているか、調べたのである。

「アタマ由来のほうだろう」

彼は考えていた。頭部には脳があるし、光を感じる受容器は全身に散在するとはいえ、まがりなりにも眼が頭についている。さらに、頭のないプラナリアは、パブロフ条件づけができない、ということが知られていたからである。

ところが、二つのプラナリアとも、覚えていたのだ。

次にマコーネルは、さらに変わったことをした。学習したプラナリアを、小片に切りきざみ、食べやすい大きさにして、学習していない仲間のエサにしたのだ。プラナリアは肉食である。そして、食べた仲間が、えじきになったプラナリアの記憶を受けつぐかどうか、調べた。驚くべきことに、学習した仲間を共食いしたプラナリアは、ふつうのプラナリアよりも、はるかに早く、「光刺激—感電」の因果関係を覚えることができたのだ。

これが有名な「記憶転移（memory transfer）」の実験である。

これは、当時の「記憶物質説」の予想にもとづいて、おこなわれた。人は脳震盪を起こしたり、電気ショックをあたえられたりすると、すぐ最近のことは忘れてしまうが、はるか以前にあったことは、いぜんとして覚えている。この事実から、

「ある程度古い記憶は、物理的衝撃や電気的妨害くらいではびくともしない、安定した物質として、脳の中にたくわえられているのだろう」

という仮説に、科学者を導いたのだった。

記憶物質説が極端なかたちをとると、ある特定の物質が、あるいはある物質の特定な状態が、特定のひとつの記憶に対応している、という考えになる。マコーネルが示そうとしたのは、まさにこれだった。なんらかの物質が（後述するように、リボ核酸（ＲＮＡ）分子だろうと考えられた）、

「光は感電の到来を意味する」

というプラナリアにとっての新事実を、プラナリアの体内に、なんらかのかたちで、たくわえるのだと考えたのだ。

じつは、記憶転移説には後日談がある。マコーネルの実験の数年後、一九六四年に、ハーテ

イ、キース・リー、モートンの三人は、マコーネルの実験を、もっと綿密におこなった。「光刺激—感電」という学習をしたプラナリアだけでなく、光刺激だけをあたえたプラナリアや、感電だけをさせたプラナリアも、細かく切りきざみ、べつべつのプラナリアに食べさせてみた。その結果、学習した仲間を食べたプラナリアだけでなく、光刺激だけや感電だけをあたえられた仲間を食べたプラナリアも、「光刺激—感電」という因果関係を、「覚えて」いたのである。

これによって、「光は感電の到来を意味する」という特定の記憶が、ある特定の物質によってになわれている、というマコーネルの説は、どうやら言い過ぎなのではないか、ということになった（しかし後述するように、まだ完全に否定されてはいない）。

「特定の記憶の個体間転移」はないかもしれないが、記憶のある種の転移は可能であることを、これらプラナリアの実験は示している、と私は思う。また、プラナリアが、比較的かんたんな構造をもった生きものであるだけに、これらの実験は、生物の基本的な特質について考えるための、よい材料を提供してくれている。

(二) プラナリアの実験から考えられること

そこでもう一度、おこなわれた実験をふりかえり、まとめてみよう。

一、プラナリアは、電流を感じると、身をすくめる。
二、プラナリアは、光を浴びても、身はすくめない。
三、プラナリアは、電流を感じるまえに、毎回光を浴びると、光を浴びただけで、身をすくめてしまうようになる。
四、この「光―すくみ」の反応は、脳のある頭部だけでなく、胴体部分にも、なんらかのかたちで、物質的に、そなわる。
五、プラナリアは、光や電流や、その一方に、何度もさらされた仲間を食べると、「光―すくみ」の反応を、かんたんに獲得できるようになる。
右の事実について、ひとつひとつ、ていねいにみてみることにしよう。

《電流をいやがるのはなぜか――そなわった行動》

まず、

「電流を感じると身をすくめる」

という反応から、みてみよう。

実験においては、厳密には、プラナリアのつぎのような行動をみている。

水槽の底を、プラナリアがはいはじめるのを待つ。プラナリアは、粘液をおなかから分泌しながら、からだを規則ただしく波打たせて進む。弱電流がくると、ピタ、と進むのをやめる。ちょうど、つつかれた甲虫が、異常を感じて動きを停止するように。プラナリア自身も、つつかれた場合の反射は、動きの停止である。

感電というのは気持ちのいい経験ではない。神経細胞や筋細胞の活動には、電気的要素がおおきいから、いたずらに電場が乱されると、強い異和感をおぼえる。たとえば、コンセントに触れると、おもわず手をひっこめる。プラナリアは、電流を全身に浴びたわけだから、捕食者による物理刺激に似て非なる、全身の神経がいっぺんに発火した、いやあな感じを味わうのだろう。しかし、そもそもつつかれるなど「不快」な刺激にたいして、「止まる」という種の反応は、どのように定まったのだろうか。

これを考えるまえに、神経細胞と、それへの入力出力について、かんたんに述べておかなければならない（図4参照）。高校の生物で習う程度のことである。図2とみくらべながら以下を読んでほしい。

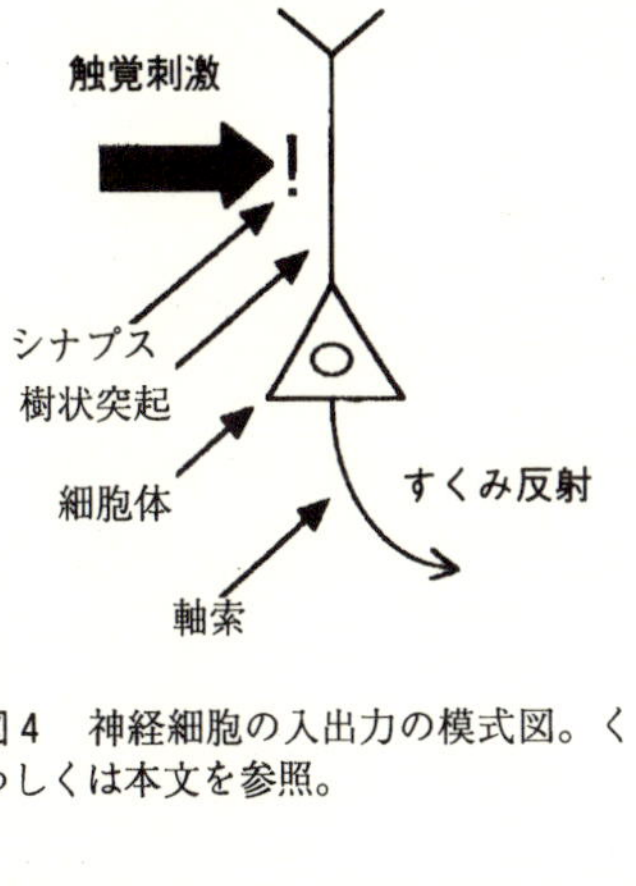

図4　神経細胞の入出力の模式図。くわしくは本文を参照。

おおまかにいって、神経細胞は形態的に三つの部位にわかれる、とされている。細胞体、樹状突起、軸索である。図で三角形に描かれているのが細胞体で、核があり、細胞に必要な部品は、たいていここから供給される。細胞体から、上に伸びているのが、樹状突起で、細胞によっては、上下左右に二本も三本もある。また、ふつう、何度も枝わかれして伸びていく。樹状突起は、他の細胞からの信号を受けとる、アンテナのようなものである。細胞体から下に曲線で描かれているのが、軸索で、私たちの神経細胞では、一本しかない。プラナリアの神経でも、一本である。昆虫類などでは、数本もつものもある。軸索は、神経細胞の出力の場で、これが伸びて、ほかの神経細胞の樹状突起や細胞体につながるのである。だから、図の、横から伸びる太い矢印は、電気刺激や光刺激で興奮させられた、べつの神経細胞の、軸索の終点である。終点は、相手の細胞の数ミクロン手前まで伸びるが、実際に接触はしない。この神経細胞と神経細胞の連絡部は、シナプスとよばれる（図4でエクスクラメーションマークのおかれているところ）。神経細胞への入力の主なものは、シナプスを介して伝えられる、ひとつ前の細胞の興奮である。

ただ同じ興奮でも、その細胞と相手の細胞とのあいだのシナプスが、興奮性か抑制性かによって、相手にあたえる効果は、反対になってしまう。興奮性のシナプス入力は、それを受けとる側を興奮させ、抑制性なら、興奮をおさえる。この違いは、その神経細胞がどんな物質をシナプスでの連絡に使っているかによるのである。軸索終点部が、興奮性の物質（グルタミン酸など）を相手に向けて放出するのなら、興奮性のシナプス、抑制性の物質（ガンマアミノ酪酸など）を出すのなら、抑制性のシナプスである。

興奮性シナプス入力を受けとった細胞が、十分に興奮すれば、それは、おもに細胞体でつくられる鋭い電気的な波（神経インパルス、図５参照）となって、軸索を走り、その終点部で、またシナプスを介して、つぎの細胞へと伝わる。しかし、抑制性のシナプス入力をもらった細胞は、興奮しにくくなるか、興奮していたのが止まる、ということになる。

したがって、すくみ反射の場合なら、もっとも単純な図式としては、図４の神経細胞の軸索の終点が、筋肉を動かすために興奮している他の興奮性神経細胞群に抑制性にはたらき、筋肉の動きを止める、のである。つまり、体表面の触覚によって興奮する神経群が、直接か間接かはともかく、抑制性の運動神経群を興奮させられるようにならなければ、すくみ反射はおこらない。

さて、神経の興奮を、分子レベルでかんたんにいえば、

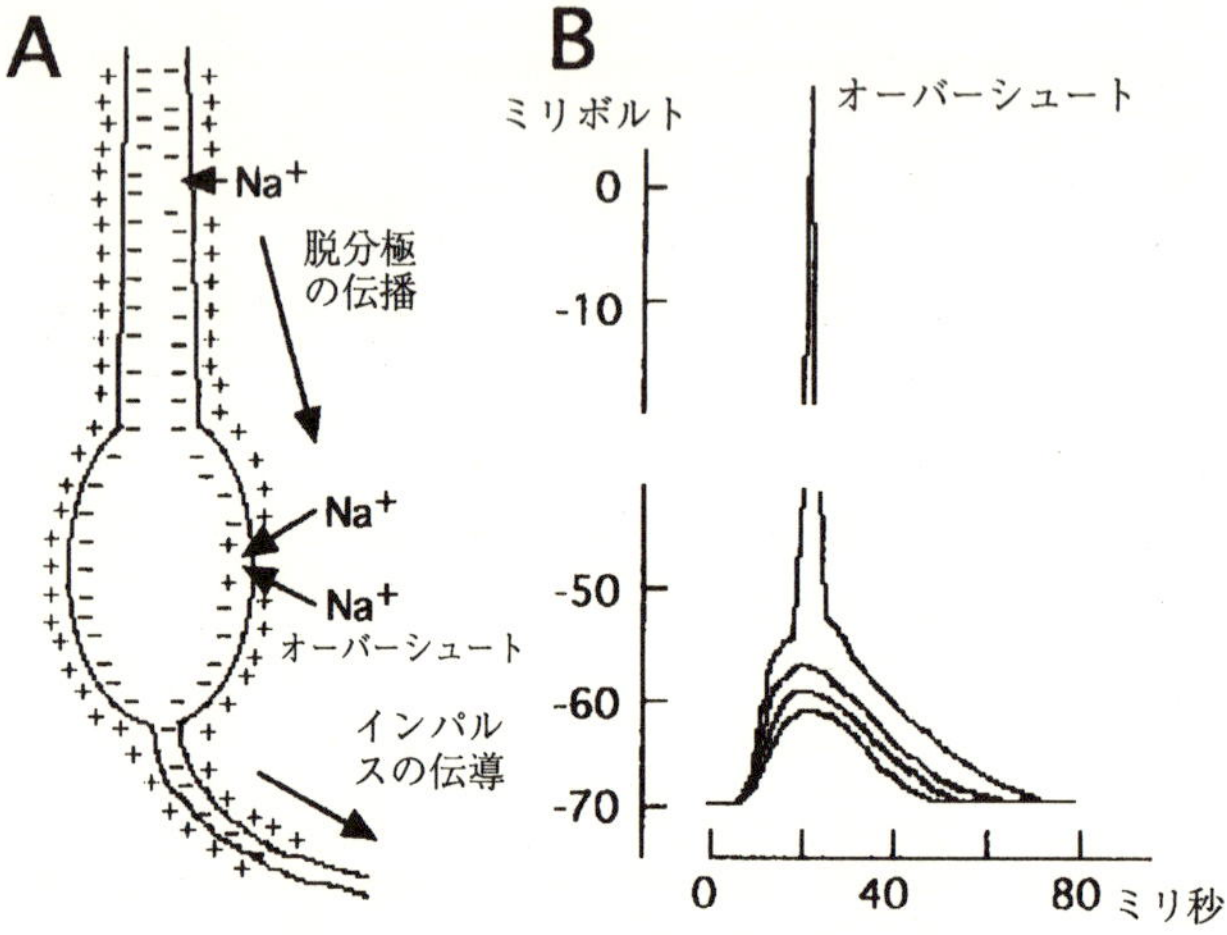

図5　神経インパルスの産出を簡略化し模式的にしめす。神経細胞膜の内外はふだん、70ミリボルト程度の電位差（内側が負）がたもたれている。細胞が樹状突起で興奮性の神経伝達物質をシナプス前細胞の軸索末端からうけとると、分子の門（チャネル）がひらき、ナトリウムイオンやカルシウムイオンが、電位・濃度勾配にそって細胞内に流れこみ（脱分極）、細胞体まで伝播してゆく。この正電荷をもったイオンの流入がある程度以上つよくなると、電位依存性のべつのチャネルがひらき、イオンは大量に流れこんで膜内外は一時的に電位差が逆にまでなる（オーバーシュート）。これは樹状突起でもおこりうるが（とくにカルシウムイオンによるもの）、軸索を伝導してゆくもの（ナトリウムイオンによるもの）は細胞体で、とくに軸索の起始部付近で、産生されると考えられる。インパルスはつぎつぎにとなりの電位依存性チャネルを活性化しつつ軸索を伝導し、最後にそれ自身の末端から伝達物質を、つぎの細胞へむけて放出させる。文献をもとに大谷が作成。

「細胞膜の外側から内側へ、ナトリウムイオンやカルシウムイオンが流れこみ、膜をはさんだ内外の電位が、ミリ秒単位で、一時的に変わること」ということになる（図5参照）。前述したように、これと「触る」ということとのあいだには、必然的なむすびつきがない。そのようにできているだけである。必然性のないことが起きているから、ネオ・ダーウィニストは、偶然の突然変異が起こすのだと考えた。

「プラナリアの先祖型の下等動物に、遺伝子の突然変異が起こり、触わられるとさまざまな反応を示す、準プラナリア生物群が生じた。その中で、もっとも捕食されにくい、『止まる』という反応に突然変異したものたちが選択され、ほかを席巻した」

ネオ・ダーウィニストならこのように答えるだろうが、この種の説明は、確率的にありそうもないうえに、機能的にも、やはりありそうもない。

たとえば、よりわかりやすい例として、神経の興奮系と抑制系の成立を想像してみると、ネオ・ダーウィニスト的説明では、両者は別個の突然変異によって、偶然に生まれ、偶然にくみあわさった、ということになる。しかし、ちょっとでも生物のことをまじめに考えた人なら、そもそも、興奮系と抑制系のべつべつになったモノが、まともに生きていられるわけなどないことに気づくだろう。脱活性化の反応がくみあわさっていない酵素系など、そもそも酵素系として生物の機能に供せないのと、同じである。生体の部分をあたかも独立した要素のようにわけ、それぞれがべつべつに進化発展するとする考えの馬鹿馬鹿しさについては、牧野尚彦の『ダーウィンよさようなら』にくわしい。参照してほしい。神経の興奮系と抑制系は、遺伝子の突然変異によるのならそれでもいいけれど、たぶん同時に、成立したのだ。

触覚系と運動系のふたつの系にかんしても、その成立もむすびつきも、おそらく同時だっただろうと思う。触覚系が他のあるかぎりの神経細胞群と偶然にむすびつき、そこからひとつが「選択」された、とは私にはとても思えない。触覚系（感覚系と総称すべきだが）と運動系のむすびついた系が、神経系というものである。そしておそらく、プラナリアにおいては、触覚系と体筋肉に対して抑制性の神経群とは、はじめからそのようにむすびついていたのではないか。ネオ・ダーウィニスト同様、生物観の問題ということにこれはなるが、いくつものむすびつきをなにかが選択したというのは話が逆で、そうであるむすびつきのうえに立って、生物（動物）世界ができてきた結果、選択などということを考えるようになったのではないか。ちがうむすびつきがあったとすれば、それはちがう種類のなにものかであっただろうし、ちがうむすびつきかたからできてきた世界は、ちがう様相を呈していただろうと思われる。

「でもそれだけで、コノハムシはあんなに木の葉のように、ナナフシはあんなに小枝のように、なれるものだろうか」

との疑問が残ることは、認める。ただつぎのような事実を紹介しておく。

堅気の人類学者からきいたものだ。島に住む人間の手脚は、からだの大きさに比して、短くなる傾向があるという。なぜそうなるのかは、その若い学者も知らなかったが、

「島での生活には、短手短足が有利で、手脚の長い人は子孫をのこす機会にめぐまれなかった」

などとこじつける知的怠慢さは、さすがになかった。

また、たとえば、細菌が、抗生物質に対して耐性を獲得するスピードも、遺伝子の偶然の突然変異が起き、その個体が集団に広がっていく、という過程から考えられるような、なまやさしいものではないことも、よく知られている（中原秀臣、佐川峻著、『進化論が変わる』参照）。

突然変異や自然選択ではない力がはたらいているのは、確実だと思う。

《光がすくみ反応をひきおこすようになるのはなぜか――獲得される行動、こころのはじまり》

系と系のむすびつきは、もともと恣意的なものだから、理論的には、どんな組みあわせがあってもよいということになる。光―感電―すくみ、ということを繰りかえすうち、光―すくみ、

という新しい組みあわせができてしまう。この組みあわせが、新しい機能をになっている。

この事実は、神経細胞のレベルでは、図6のようにあらわすことが可能である。ちょっと煩雑かもしれないが、順をおって、説明してみよう。

図6の1。

電気刺激に興奮するようにできている体表面の細胞群と、抑制性の運動神経とのあいだに、強いつながりが、まずあ

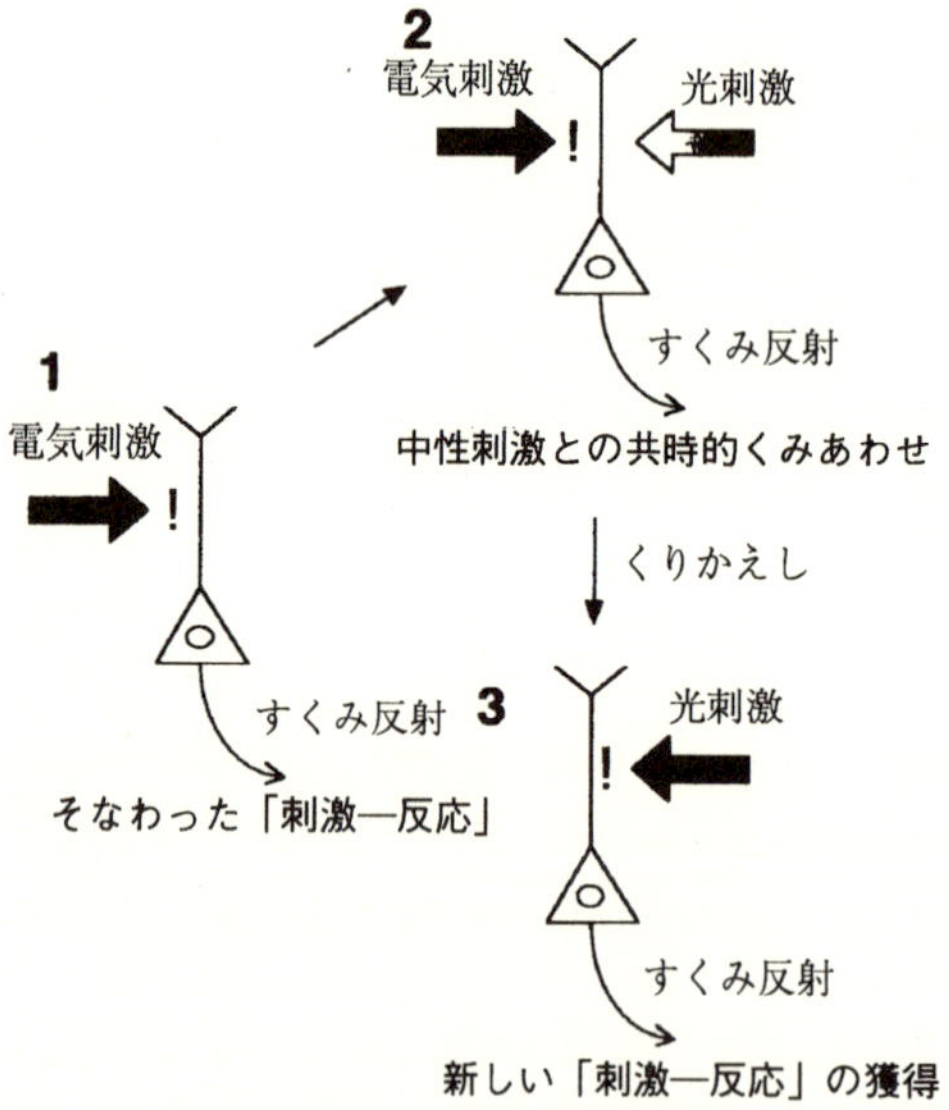

図6　光刺激がどのようにすくみ反射をひきおこすようになるかを、模式的にしめす。強い刺激と同時に到達する弱い刺激は、このパターンがくりかえされると強い刺激と同じ効果をもちうる、のを「連合」によって説明した。くわしくは本文を参照。

り、前者の興奮は、すくみ反応を引きおこすようになっている。

図６の２。

しかし、眼や、全身に分布する、光によって興奮する細胞群と、抑制性の運動神経とのあいだには、弱いつながりしかない。だから、光だけでは、すくみ反射を引きおこすことができない。

図６の３。

ところが、光刺激をあたえるのと同時に電気刺激をあたえるということをくりかえすと、やがて、光によって興奮する細胞群と、抑制性運動神経とのあいだのつながりが強まり、光刺激だけで、抑制性運動神経を興奮させ、すくみ反射を引きおこすことができるようになる。

実際には、もっと複雑な回路になっている可能性がおおきいが、原理的には、変わらない。

それまで、光のフラッシュは、プラナリアにとって、さしたるできごとではなかった。ところが、光が、電気刺激といっしょに何度も到来したので、プラナリアの種の歴史上はじめて、フラッシュ光が「意味」（注５）を帯びたのである。プラナリアは、光そのものに反応するのではない。光の意味するものに、光と電気刺激との関係に、反応するのである。

（注５）いうまでもないことだがいっておくと、私たちが「意味」とよんでいるのは、ある刺激によってひきおこされる反応が、べつの刺激によってもひきおこされうるというその事実のことである。「意味」については第四章（一）の岸田秀についての記述も参照。

このような、できごとと反応との恣意的なむすびつきが、本能として決定された行動しかとっていないようにみえる生物の神経系にさえもかきこまれうるというのは、プラナリアにはわるいが、注目すべきことだ。そして「高等」になればなるほど、行動の中で恣意的むすびつきの結果の占める割合がおおきくなるのに、異存はあるまい。そしてこの、反応ができごととの恣意的なむすびつきにもとづいているということが、本人がそう「意識」していようがいまいが、私たちが「こころがある状態」とよぶ行動パターンの基本的なものに対応しているらしいことにも、読者は賛成されるだろう。

ではもう少しつっこんで、どのようなメカニズムがはたらいて、光が運動神経を興奮させることができるようになるのだろうか。じつは、このあたりが実験生理学者の私のおもて芸である。

さきほどちょっと触れたように、神経細胞と神経細胞は、シナプスとよばれる構造で、連絡されている。図７にシナプスの構造を模式図でしめしておいた。軸索の終点部であるシナプス

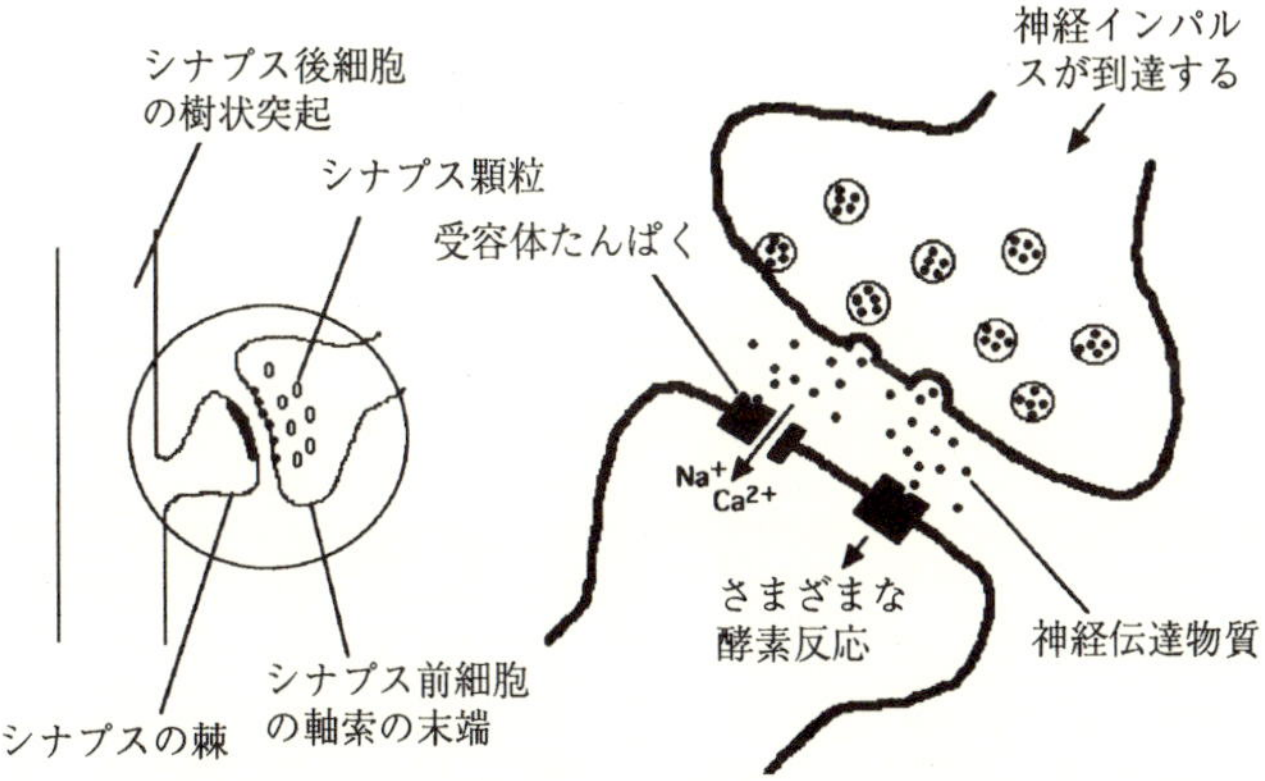

図7　神経細胞と神経細胞の連絡部「シナプス」の構造を簡略化し模式的にしめす。厳密にはこれは「化学的シナプス」で、ほかにも「電気的シナプス」があるが、大部分のシナプスは化学的シナプスである。シナプス前細胞の軸索末端には伝達物質（グルタミン酸やガンマアミノ酪酸など。細胞の種類による）がたくわえられており、神経インパルスの到達によってカルシウムが末端内に流れこむと、酵素反応を介してシナプス後細胞へむけて放出される。シナプス後細胞膜には（ときにシナプスのトゲとなって突出している）、それぞれの伝達物質がはまりこむ受容体たんぱく分子があり、多くの場合、伝達物質のバインディングは、それに隣接して存在するイオンをとおす門（チャネル）を開ける結果になる（左側の受容体）。グルタミン酸の場合は、そこからナトリウムイオンやカルシウムイオンが細胞内へながれこみ（受容体の種類により選択性にちがいがある）、電位差を少なくする（脱分極、膜の興奮）。ガンマアミノ酪酸の場合は、おもに塩素イオンが濃度勾配にそって流れこみ、電位差をおおきくする（過分極、膜の抑制）。ある種の受容体はこのような直接的なイオン流入効果をまねかず、細胞内の酵素の状態を変えるようにできている（たとえば代謝性グルタミン酸受容体、代謝性ガンマアミノ酪酸受容体、アミン類の受容体）。文献をもとに大谷が作成。

前部には、二つの細胞の連絡役としての、伝達物質がたくわえられていて、神経インパルスが終点部に到達すると、伝達物質を相手に向けて放出する。相手は、伝達物質がちょうどうまく結びつくことのできる、受容体とよばれるたんぱく分子を細胞膜にもっている。そこに伝達物質がはまりこむと、多くの場合、膜上にある特別な分子の門が開き、たとえば正の電荷を帯びたナトリウムイオンが、細胞内に流れこむ。これがシナプス後部の神経細胞の興奮であり、これが高じると連鎖的反応をさそって神経インパルスの産出へとつながるわけである。逆に、べつの細胞のシナプス前部から、べつの伝達物質が、細胞膜上のべつの受容体にはまり、べつの種類の分子門から、負の電荷をもった塩素イオンが流れこむことがある。すると、シナプス後部の神経細胞の活動は、抑制状態となる。この状態だと、神経インパルスの産出がおこりにくくなる。あるいはおこっていたのが止まる。

これらシナプスで起こることがらは、神経伝達、またはシナプス伝達とよばれる。シナプス伝達の「効率」のよしあしが、ふたつの細胞の連絡の緻密さの度合である。つまり、専門的には、

「光に反応する感覚細胞と、筋肉の動きをつかさどる運動神経の中の、抑制性神経とのあいだの、『シナプス伝達効率』がよくなったことが、光がすくみ反射を起こすことができる

ようになった理由である」

というふうにいえる。

これが、一般に「記憶のシナプス説」といわれるものだ。神経科学の論争の焦点となっている一分野である。ここ二十年ほどで、ものすごい数の論文が発表されたが、じつは真否は、いまだに解決されたとはいえない。しかし、ごく最近の動向では、少なくともある場合には、本当にあてはまることらしいとの印象を私たち研究者はいだいている。

ただし、もしそうだったとしても、ただひとつのシナプスの変化が、あるひとつの記憶に対応しているのではない。複数のシナプス変化が、それらシナプスの属する回路の中でおこり、運動の停止なら運動の停止という機能を発揮する回路の、回転の効率を強めるのである。

ではさらにつっこんで、シナプス伝達効率は、どうすれば、よくなるのか。

実験上では、シナプスの活動が、短期間（せいぜい数秒）飛躍的に高まると、そのあと長時間（数日から数週間）、そのシナプスの通りがよくなる、ということが知られている。イギリスのブリス（注6）とガードナー・メドウィン、それにスウェーデンのロモの三人が、ウサギを使って、海馬という脳の部位で発見し、一九七三年に発表した。「長期増強」と日本語ではよばれている、知る人ぞ知る現象である（図8参照）。長期増強は、海馬以外のさまざまな脳部位でも観察されており、その発現のためには、一般に、シナプス後細胞へのカルシウムイオンの流入や、それにつづく一連の酵素の活性化が必要であることがわかっている。その機能的に意味しうるところを単純にいえば、ショックをあたえられた場面など、強い刺激は神経に「痕跡」をのこし、あとあとまで覚えられているということだ。

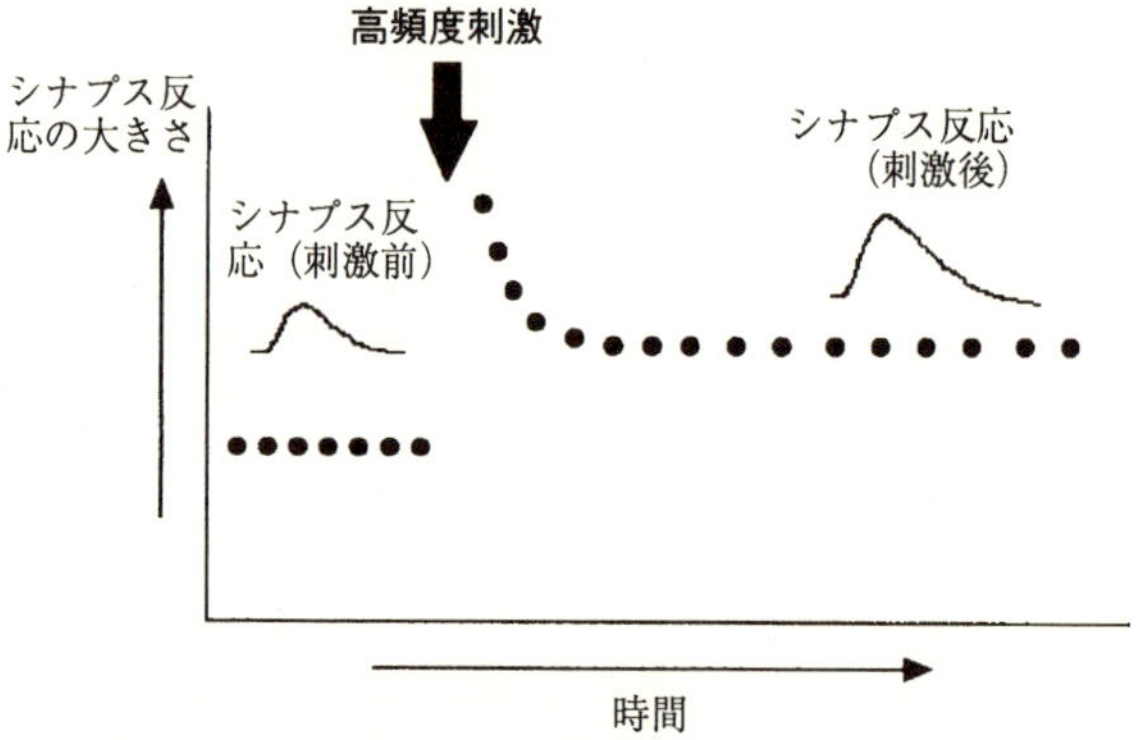

図8　長期増強 (long-term potentiation, LTP) を、グラフでしめす。長期増強は、数時間から数日、ときには数週間にわたって観察される、実験的におこされる「シナプスの伝達効率」の増強である。海馬をはじめとして、脳の多くの部位のシナプスでみられる。もっとも一般的には、シナプス前細胞の軸索を数秒間、高頻度（100-200 ヘルツ前後）で刺激し、神経伝達物質を一時的に大量に放出させることによって、そのシナプスにひきおこすことができる。そのほかにも、そのように一定のシナプスが高頻度活動している最中にいくぶんか活動しただけの距離的に近いべつのシナプスにも、おこりうる。この「便乗策」を専門的に「連合 (association)」とよぶ。大谷自身の実験をもとに簡略化して作成。

（注６）ブリス（Tim Bliss）は、いまだ現役の、ロンドン郊外の国立医学研究所につとめる神経生理学者。すくなくとも一九九六年の時点では、海馬の長期増強と学習との因果関係に悲観的になっていた。根拠のひとつは、長期増強がおこらないように投薬などの処置をほどこした動物でも、立派に学習してしまうという事実だった。しかし、脳は機能的に柔軟にできており、べつの回路あるいは過程が、海馬の長期増強の不在を代償してしまうのかもしれない。ちなみに私は一九八八年夏、ふた月ほどブリスの研究室に共同研究のため滞在した。

シナプス効率をあげるには、もうひとつ、実験的によく知られた方法がある。同じ樹状突起上の、べつのシナプスが活動を高めている最中に、いっしょに自分もちょっとだけ活動する、という方法である。いわば、エネルギーをとなりからちょうだいして、自分自身の効率をあげる、という便乗策で、「連合」とよばれている。連合は、電気刺激とあわさってあたえられた光刺激が、やがて抑制性の運動神経を興奮させられるようになるという事実を、きれいに説明できる。

「強い刺激と同時に到達する弱い刺激は、このパターンが何度もくりかえされることにより、強い刺激と同じ効果をもちうる」

のは、神経細胞ひとつのレベルでもいえることなのだ。つまり、光―電流のあいだにあった、

「いっしょに生体上に到達する」

という関係が、特定なシナプスの連結度の変化として、物質的基盤をもって生体にきざまれうるのだ。プラナリアはこうして、光にまつわる「観念」を手にいれるのだ。

《ともぐいの効果はなにか——生きつづける「記憶転移説」》

生体内の変化は、あくまで物質的な変化である。しかし、その変化のあらわすところは、光は感電を意味する、という新しい事実である。そのように、プラナリアの神経系に刻印され、ひとつ頭がよくなったのである。

マコーネルの実験によると、アタマのよくなったプラナリアを、上下ふたつに切断し、それぞれ一匹の完全体に自己再生させると、アタマ由来のプラナリアだけでなく、胴体由来の方も、光は感電を意味する、ということを、覚えていたという。カラダまでよくなっていたのだ。さらに、そのプラナリアをたべた仲間まで、自動的にアタマやカラダがよくなるという。

ただ、前述したとおり、これには後日談があり、べつに、学習した仲間をたべなくとも、光刺激だけにさらされたり、電気ショックだけにさらされた仲間をたべても、アタマやカラダがよくなるということがしめされた。この追試によって、

「光―感電」

という特定な記憶が、物質のかたちをとって、個体から個体へ転移しうるというのは、言い過ぎかもしれないということになった。しかし、少なくともなんらかの物質が、光刺激や感電によって形成され、これを摂取すると、学習が促進されるというのは、いぜんとして事実である。さらにまた、新しく増殖したカラダまで、古いカラダのもっていた記憶をもつのだから、同一個体内の細胞―細胞間の記憶の転移なら、ほんとうにあることなのではないだろうか。

それはどんな物質によるのであろうか。味の素の成分でもある、グルタミン酸であろうか。

「ＲＮＡだろう」

と考えた人々が、マコーネルの時代にもいたし、現在でもいる。

先日、ヘルシンキのプラナリア専門家と、電子メールでやりとりした。そのときはじめて知ったのだが、「記憶転移説」は、じつは、完全に息たえたわけではなかったのである。マコーネルから四十年をへた今でも、記憶転移を証明しようとしている研究者がいたのである。専門家のメールに紹介されていた実験は、以下のようなものだ。

図９のような構造をもった実験器具は、Ｙ迷路とよばれ、ネズミの学習実験に使われる。ふ

たつのゴールのどちらかに、たべものが置かれている。スタート地点から出発したネズミは、左か右かへ移動する。何度かくりかえして、もしえさがいつも左のゴールにみつかれば、ふつうの頭脳をもったネズミであれば、毎回左に曲がるようになる。数日おいてテストしても、覚えていて、迷わず左へ曲がるだろう。このように、左か右かという、空間認知にかんする学習と記憶のテストに、Y迷路は使われる。

同様の実験を、プラナリアにためした人がいた。プラナリアは左か右かを覚えるという。覚えた個体の頭を切りおとす。胴体から新しく頭を再生させ、同じ実験をくりかえすと、再生個体は、左か右かをやはり覚えている。つぎにすりつぶし、べつのプラナリアのえさにする。ともぐいしたプラナリアをY迷路にかけると、教えもしないのに、左か右かを、知っている。あるいは、左か右かを、ふつうよりもはるかに容易に、覚えるという。この記憶転移の媒介となるのも、RNA分子だろうと考えられている。

Y迷路での記憶転移が本当なら、驚くべきことだが、残念ながらこの話にも、注釈がつく。

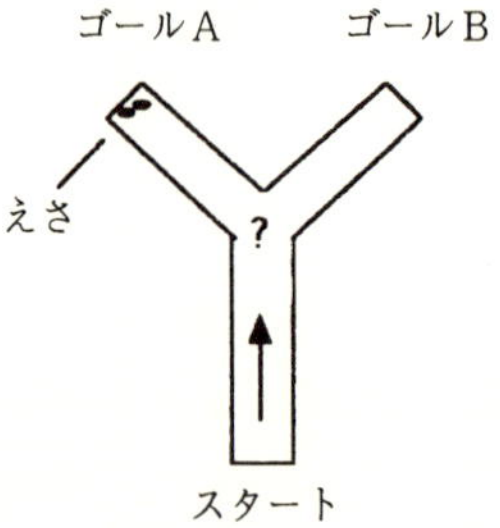

図9 空間記憶の形成と維持のテストに使用されるY迷路の図。どちらか一方の通路のおわりにえさがおかれてある。何度かためすうち、動物は左右どちらへいけばえさにありつけるかおぼえる。

この記憶転移には、まえのプラナリアが迷路の底に残した粘液がかかわっているのではないか、というのだ。プラナリアは、粘液におおわれた表面の方を好むという。したがって、記憶が転移したようにみえるのは、じつは、学習した仲間の残した粘液をたどっているのにすぎないのかもしれない、というわけだ。

なら、新しいY迷路を使って調べればよい、と誰でも思うが、まだなされていないようだ。だから今のところ、記憶転移説はふりだしにもどった感じで、真偽のほどはたしかではない。研究者の数が極端に少ないため、古い疑問がいまだに解決されず、のこっているのである。

ここでは、記憶転移はまだ否定されていない、という立場にひとまず立ち、ともぐい効果についで考えてみることにしよう。すなわち、

「記憶転移は、どのようにして可能で、なにを意味するのか」

「なぜRNA分子が、媒介者と考えられているのか」

ということである。

《オペラント条件づけ》

そのまえに、ひとつ寄り道しておきたいことがある。Y迷路での学習はなぜ可能なのか、と

いう疑問だ。

Y迷路にかぎらず、生体にとって好ましい結果をまねく行動を強化するこのような条件づけは、パブロフ条件づけに対して、「オペラント条件づけ」とよばれる。アメリカの心理学者、スキナーが確立した方法である(注7)。オペラント条件づけが成立するメカニズムについては、専門家のあいだで定まった意見がない。

(注7) ある中性の行動の選択(たとえば赤と青のボタンのうち赤の方をおす)を、その直後にあたえるえさなどの「報酬」によって強化しようというのが、オペラント条件づけであり、そのために用いられるボタンやレバーのついた実験箱を「スキナー箱」という。条件づけが逆に使われれば、好ましくない行動をその直後のいやな刺激(電気ショックなど)によって消去しようということになる。これらの方法をもちいて行動を修飾(modify)するのを「シェイピング」といい、この分野を「行動工学」とよんだりする。人間の行動治療にも使われるが、その没個性的強制的性格から、当然多くの反発がある。スキナー(Skinner 故人)自身は小説まで書いて信条をあらわしたが、鋭い容貌も手伝って受けはよくなかったようだ。私は読んだことはない。

パブロフ条件づけでは、光—電気刺激、あるいは、メトロノーム音—えさ、という条件刺激と非条件刺激は、ほぼ同時に、あたえられる。だから、前項で述べたように、真偽はまだ定かとはいえないが、シナプス間の「連合」によって説明可能である。オペラント条件づけでは、「左に曲がる」ということと「えさにありつく」ということとが、機能上、連合を起こすことは起こす。しかしそれを、パブロフ条件づけの連合と同じようには、説明できない。なぜなら、

「左に曲がる」

という行動の選択がまずあり、それからしばらくして、

「えさにありつく」

という、生体にとって重要なできごとがくるからである。ネズミは走るのが速いから、この間数秒だが、プラナリアはのろのろとしか進めないから、かなりの時間、数十秒から、もしかしたら数分、過ぎるかもしれない。したがって、「左に曲がる」という行動の選択が、のちにくる「えさの発見」という好ましい結果によって強化されるためには、「左に曲がった」ということが、神経回路になんらかのかたちで、保存されている必要がある。

「あたりまえだろ。えさにありついたあと、左に曲がったことを思いかえして、あれがよかったんだな、と強化するんだ」

とおっしゃるかもしれないが、それは人間の経験的説明である。哲学的にだって、左に曲がることとえさにありつくこととは一連の「できごと」を形成しており、この「できごと」が強化

されるのである、とかいうことができるが、実際は、オペラント条件づけするために回路になにが起きているのかは、具体的にはほとんどまったく、わかっていない。いずれにしても、プラナリアのような比較的かんたんな生物でさえ、そんなことができるというのは、またプラナリアにはわるいが、驚くべきことである。

心理学的に考えると、オペラント条件づけには、パブロフ条件づけにはなかった、私たちが「期待」とか「予想」とかの言葉でよんでいる要素が、あきらかにふくまれている。何度か試行錯誤したのち、左折するようになったプラナリアは、「えさにありつける」という未来の状況を「期待している」といってよいのだ。

専門家は、「客観的」な言葉で他の生物について語るのに慣れてしまっているため、観察者である人間以外の生物、とくに「下等動物」が、私たちのような心的活動をいとなんでいるということをしばしば忘れている。ほんとうは、私たちが、彼らのような心的活動をいとなんでいるのであるが。

《記憶は他の個体に転移するのか》

さて、「光―電気刺激」や、「左折―えさにありつける」という因果関係を覚えたプラナリアを食べると、その特殊な記憶が、他の個体に受けつがれる可能性があるという。いったい、どのようなメカニズムがありうるのか。

「光がすくみ反応をひきおこすようになるのはなぜか」の項で考えたように、この反射が獲得されるためには、少なくともふたつの、特定の神経細胞群のあいだのつながりが、変化しなくてはならない。そのもとに、酵素などの物質の変化があるのは、確実である。そして、その物質的変化は、全身の神経細胞に起こり、細胞が増殖するときには、新しい細胞にまちがいなく、伝えられなくてはならない。切断されたあと、再生した完全体は反射を覚えており、しかもアタマ由来だけでなく、カラダ由来の方も、そうだからである。さらに、これが他の個体に伝わるためには、摂取されたなんらかの物質が、それら特定な神経細胞群のあいだのシナプスに、特異的に、同じ変化を引きおこす必要がある。関係ないシナプスにきいてしまっては、光がすくみ反射でなく、歩行とか、生殖反射を引きおこしてしまうかもしれない。それでは記憶転移ではない。

これらのことは、可能だろうか。ひとつひとつみてみよう。

私たち人間の脳には、機能が極度に集中している。頭部を斬りおとされた人がよもや生きていられたとしても、からだはほとんど運動機能をうしなってしまう。だんだん「下等」になるにつれ、脳の中央集権の度合は、弱まる。たとえば、カエルになると、脳を切断されても、立派にはねる。学生のとき、上顎からうえをはさみで切りとった「脊髄ガエル」をつくったことがある。目をはなしたすきに、麻酔からさめた頭のないカエルは、実習机のうえをはねだし、床にとびおりて、しばらくあたりをはねまわっていた。カエルなら、その程度の運動は、なにも脳にたよらなくても、脊髄反射だけで十分足りる。

カエルでさえこうなのだから、プラナリアともなると、脳の役わりは、全身の他の神経の役わりにくらべて、やや重要、といった程度だ。脳をとられたプラナリアは、ふつうのプラナリアより、やや動きがにぶくなるだけで、べつに変わったところはない。ただ、味覚にかかわる神経は、脳の後部に集まっているので、食べ物の選択には、ことかくらしい。

プラナリアの場合、全身に神経の機能が分散しているのだ。歩行も、歩行の停止も、人の脳のようなペースメイカーが、どこかから指令を出しているのではなく、全身の運動神経がいわば単位となって、活動しているのであろう。歩くためには、おそらく、神経の興奮性インパルスが、全身を規則正しく繰りかえしめぐり、止まるためには、抑制性インパルスが、そのめぐりをどこかで(たとえばつつかれた部位)、あるいは全身で、遮断するのであろう。電流の刺激は全身的なもので、また光も全身で感じることができるから、「光―すくみ」という新しい反射が、全身にそなわるのは、むしろ当然である。カラダがよくなるのは、不思議ではない。

つぎに、よくなったカラダが半分に切られたあと、増殖しあたらしく完成したカラダもよいためには、カラダをよくした、つまり神経群と神経群とのあいだのつながりを変えた、物質的変化が、分裂し増殖した神経細胞に、正しく受けつがれなくてはならない。

このために、もっとも合理的と考えられる方法が、「光―電気刺激」の訓練が、神経細胞の遺伝子（DNA、RNA）を変化させるというものなのである。

高校の生物で習ったように、細胞が分裂するときには、遺伝子であり細胞の設計図であるDNA（デオキシリボ核酸）は、自己複製して二倍になり、新しくできるふたつの細胞それぞれに、もとの細胞と同じ遺伝情報が伝わるようにする。だから、神経細胞のDNAが、「光は感電の到来を意味する」という情報を、塩基配列の変化として覚えていれば、それで十分というわけだ。

これとよく似た議論は、「高等動物」の記憶にかんしても、おこなわれている。

ヒトのフラッシュバルブ（フラッシュバック）記憶は、衝撃的な事件を何年ものあいだ、鮮明におぼえている現象である。また、鳥類のすりこみは、生まれてすぐの記憶、最初にみとめた動いているものが親である、という「思いこみ」が、一生変わらず続くものだ。これらが、神経細胞のなんらかの変化によっているということは、今やよほどの偏屈でないかぎり、みとめるだろう。ところが、私たちのからだは、神経細胞もふくめて、その部品を日夜どんどん代謝し交換している。したがって、構成物質だけからみれば、一年前のあなたは、ほとんどすべて部品交換され、残っていない。それなのに、なぜ私たちはいつまでも私たちで、何年もまえのことまであいかわらず覚えていられるのだろうか。

部品交換の唯一の例外は、DNAである。DNAは、ほとんど代謝されない安定な物質である。ネズミの場合だと、DNAの半減期は、ネズミの平均寿命より長い。当然といえば当然のことで、DNAはまがりなりにも、細胞設計とその基本機能の決定のための、親玉格なのだから、これが代謝され、なくなってしまったり、その基本的構造が不安定だったりしたら、たまったものではない。だから、もしDNA上のなんらかの変化として、記憶が細胞に刻印されるのなら、非常に長期間、細胞はそれをもちつづけうる、と考えられるわけである。

DNAの直接の産物で、機能上実働隊としてはたらくのはRNAだから、これに注目があつまり、プラナリアだけでなく、ネズミでも、「記憶のRNA説」というのが、一九六〇年代に生まれたのだった（注８）。

（注８）一九六一年、スウェーデンの生化学者ヒデーン（Hyden）が提唱した。彼と共同研究者たちは、ネズミに利き腕の強制的変更や棒のぼりなどの運動学習をさせ、皮質運動野をすりつぶしてＲＮＡの塩基配列を調べた。学習した脳の塩基配列は一定の変化をしめしていた。ヒデーンは、ＲＮＡ分子中の塩基のくみあわせの可能な変化数は、生物が一生かかって覚える記憶断片（この概念がそもそもあいまいなのだが）の数をしのぐであろうから、ＲＮＡの塩基配列の変化が記憶のひとつひとつに対応しているのは理論的に可能である、と提案した。しかしこれも現在の私たちの目でみれば、おばあさん細胞説と大差がない（くわしくは「記憶転移実験の意味するもの」の項参照）。これは要するに「一たんぱく—一記憶説」であり、特定の物質（たんぱく分子）が特定の機能をになうとする生気論である。ヒデーン自身は厳密には、新しいたんぱくができることで神経の活動パターンが変化するのだ、といったが、それでは記憶の数だけ活動パターンの数があるのかということになる。彼は複数の活動パターンのくみあわせといったのではないのだ。彼のいう塩基配列の変化は、皮質運動野全部をすりつぶしてもまだ見つかるほどの一律的変化なのだから、ひとつの記憶の形成にさいして運動野の神経細胞がほぼいっせいに活動パターンをＡからＢへと変えるということになる。

もちろん、唯一の可能性ではない。たとえばＤＮＡの二重らせんモデルで有名なクリックは、遺伝子にかかわらない長期記憶のモデルを提唱した（注９）。しかし、右の説明が、長年保たれる記憶を生化学的に説明できるのは事実である。おまけにここ十年ほどで、DNAはじつは、それまで思われていたほど静的な物質ではなく、つねに、さまざまな「転写因子」と総じてよばれるたんぱく分子によって、逆指令を受けていることがわかってきた。基本構造が変化しないのは同じだが、どの部分がはたらいて、どんなたんぱく質をつくりだすかなど、細々した機能の発現は、つねに酵素たんぱくの影響下にあることが明らかになったのだ。つまり、

「DNA—RNA—たんぱく質」

という一方通行の、ワトソンとクリックのセントラルドグマ（中心教義）は、まさにドグマになってしまったのである（注10）。たんぱくはDNA機能を変えうるし、細胞の各地に散らばって存在する「地方RNA」も、独自にたんぱくを合成する。「地方RNA」は、もちろんDNAからつくられたのだが、地方で親玉の目をぬすみ、なにをしているかわからない。そしてそこでつくられるたんぱく分子が、親玉を逆襲しないとはかぎらない。神経細胞内の遺伝子の発現のしかたは、刺激しだいで変化しうるし、その変化が刻印として細胞に残りうるのだ。

（注9）一九八四年、イギリスの著名な科学雑誌「ネイチャー」に発表した小論文で、クリック（Crick）はつぎのような提案をした。まず記憶の保持には神経細胞内のある酵素（A）の活性化が必要であるとする。つぎに酵素Aはふたつの分子からなるダイマー（ふたつの同じ構造のたんぱく分子が集合し

て、ひとつの酵素として存在し、機能している）であるとする。そして、ふたつの分子が同時に代謝され、なくなってしまうのは、確率的に低かろうとする。さてここにもうひとつの酵素Ｂを想定し、この酵素Ｂは、酵素Ａのどちらか片方の分子だけが活性化された状態のときにはたらき、活性化されていないほうの分子も活性化するとする。このような条件をみたす酵素系があったとすれば、記憶保持には遺伝子上の変化が必要、と考える必要はなくなる。なぜならＡの片方の分子が代謝されてあたらしくなっても、それはすぐに酵素Ｂによって活性化されるからだ。

　クリックは知的遊戯にいそしんだのではあるまいか。この人はどうもあまのじゃくなようで、ほかにも『生命、この宇宙なるもの』（思索社刊）という本の中では、地球上の生命は、絶滅の危機に瀕したどこかの惑星の高等生物が、バクテリアをロケットに積んで打ちこんだのをその起源とすると提案した。反証できないのをいいことに好きなことをいう。エックルズもそうだが、取るべきはノーベル賞である。

（注10）ただし、渡辺慧が指摘するように（『生命と自由』一六〇ページ）、ＤＮＡの遺伝情報にはそれを決定したものがいない、発信人がいない、とする点ではドグマは生きている。第四章（一）も参照。

したがって、シナリオはつぎのようになる。

学習中、まず、光感受性神経細胞群と運動に抑制性にはたらく神経細胞群とのあいだの、シナプスの活動がたかまることにより、それら抑制性神経細胞へ、カルシウムイオンが流れこみ、細胞内の特定の酵素を活性化する。これらの変化は、シナプスを一時的に強める一方（短期記憶）、転写因子を活性化し、細胞内のDNAの発現パターンを変化させる。これが、学習によって生じていたシナプスの強まりを、固定する（長期記憶）。そして、細胞分裂の際にも、このDNAにきざまれた変化は、正しくつぎの代の細胞に受けつがれる。

このとき重要になるのが、細胞質遺伝という事実だと思われる。

遺伝子の研究は、今や大流行なので、大部分の人が気にしていないか、気づいていないが、池田清彦も強調するように、細胞が分裂するとき、あるいは、生殖細胞が合体するとき、つぎの世代に伝わるのは、なにもDNAだけではない。DNAの漬かっていた細胞内の成分も、つまり右の例でいえば転写因子などに起きた変化もいっしょに、伝わる。そうすることで、学習によっておきたDNA上の変化が、分裂してできた細胞にも受けつがれるのを、保証するのではないだろうか。

DNAは設計図としての重要な役わりをもっているが、それが適切な細胞内環境におかれていなければ、そもそも生命体として機能しない。世界最初のクローン羊ドリーにしても、もとの羊の乳腺の細胞のＤＮＡは、ほかの羊の卵細胞の中にいれられ、その細胞の助けをかりてはじめて、発現できたのである。遺伝子のほうにばかり目がいって、遺伝子を発現させる細胞のほうに目がまったく行かないのは、手落ちだと思う。厳密には、ドリーは、ＤＮＡ提供者と同一の羊ではない。

つぎには、いよいよ、ＤＮＡであれ、ＲＮＡであれ、ほかの物質であれ、それを食べた仲間の神経細胞に、しかも、その特定の神経細胞だけに、同じ変化がおきるものだろうか、という点である。最右翼のＲＮＡ分子について考えてみると、「記憶転移のＲＮＡ説」が成立するには、いくつかの厳しい条件をクリアしなければならない。

第一に、機能的に有意義なＲＮＡ分子、つまり酵素をつくることのできる大きさをもつＲＮＡ分子は、それ自体高分子である。これが、そのままのかたちで、神経細胞内にとりこまれうるとは考えにくい。

第二に、もしとりこまれたとしても、その分子は、光受容細胞と特定の神経細胞群とのあいだのシナプスにだけ、特異的に酵素を提供しなければならない。

転移物質がたんぱく分子と考えても、問題は同じである。

私は、「学習したプラナリアだけでなく、光刺激だけや、感電だけにさらされたプラナリアをたべた仲間も、光―感電の関係を『覚えていた』」という結果に示されるように、転移したのは、特定の記憶ではなく、ストレスにともなって合成分泌される、一般的な学習促進作用をもつ物質である、と考えたほうが無難であると思う（そのかぎりにおいて「経験」は転移される）。ここまで読んでくださった方に肩すかしをくわせるようで、もうしわけないが、食べただけでおこる「特定の記憶の個体間転移」というのは、望み薄とせざるをえない。しかし、である。

《獲得形質の遺伝？》

食べただけでの個体間転移は無理としても、「光は感電の到来を意味する」という記憶は、同じ個体内の、次世代の神経細胞につたわるのはいぜんとして事実である。遺伝子か、遺伝子に影響をあたえる物質がかかわっている可能性は大きい。

そうすると、いったいプラナリアの記憶は、子供には遺伝しないものだろうか、という疑問がわく。私の知るかぎり、これを調べた人はいない。もしするなら、獲得形質の遺伝である。

栗本慎一郎（注11）のように、

「獲得形質は遺伝すると思う」と公言する人もいる。心情的には賛成だが、実際のメカニズムを考えると、そうかんたんには言えない。学習効果が子に伝わるためには、親の神経細胞に起きた変化が、生殖細胞にも起きなければならない。神経細胞のＤＮＡに、ある変化が生じたとして、それが生殖細胞のＤＮＡに伝授されるものだろうか。

（注11）『パンツをはいたサル』で、人の活動の基礎は「蕩尽」であるとしたのは有名。『パンツを捨てるサル』ではドーパミンについて書いているが、どうも聴きかじりらしく、こちらの方は読むにあたいしない。ちなみに獲得形質遺伝にふれたのは、「脳・心・言葉、栗本慎一郎『自由大学』講義録５」（光文社刊）の序文の中である。

しかしその一方で、カンメラーのような傑出した人物の、一連の実験がある。ケストラーの『サンバガエルの謎』にいくつもの例が紹介されているので、参照してほしい。

親が覚えた微分積分を、教わりもしないのに子が知っている、などというのは、『夢十夜』（もちろん夏目漱石著）でもあるまいし、ごく常識的に考えて、ありそうにない。あったという話もきいたことがない。第一それでは、代を重ねるにつれ記憶の量がふえすぎて、ありがた迷惑だ。

機能そのものがつたわると考えるから、信憑性がうすくなるのであって、ある機能を発揮するところの構造はつたわりうる、と考えてはどうだろう。その構造は、特定の機能を発揮しやすいところのものなのだが、保証はない。こう考えても、いぜんとして、変化の起きた細胞―生殖細胞、というルートの謎は残るが、そうでもしないかぎり、深海魚の目が退化したり、カイコガの羽が弱化したりという現象は、説明できないのではないか。なぜならそこには、生存の有利不利にもとづく「選択圧」などかかっていないと思われるからである。偶然生まれた飛べないカイコガが選択されて子孫を残したわけではないだろう。

ネオ・ダーウィニストの方々、どうお思いになりますか。

《記憶転移実験の意味するもの》

記憶転移の実験が、「まじめに」おこなわれる背景には、どのようなことが読みとれるだろうか。それを考えて、プラナリアの章は終わりにしたい。

知ってらっしゃる方も多いだろうが、「おばあさん細胞説」というのが、かつてあった。脳内のひとつの、あるいはごくひとかたまりの神経細胞が、おばあさんならおばあさんの顔を覚えている、というものである。だから、この細胞が酒ののみすぎで消滅したら、あなたのおばあさんの顔の記憶も、消滅する。またもし、この細胞をうまくべつの脳に移すことができれば、その人は、かつてみたことのない老人の顔の記憶をもつ、ということになる。これではＳＦだ。

もともと、マコーネルの時代の「記憶物質説」も、このような面をもっていた。「光―感電」の因果関係という特定の記憶が、ある特定の物質に、一対一対応しているかもしれない、と考えられた。それは、ある物質（あるいは細胞）というモノそれ自体が、ある機能をもつという、生気論である。だから、その物質を食べれば、その機能（記憶としてみられるあたらしい反応のパターン）が即身につく、と考えられた。

私がここで、記憶物質説にかんして読みかえようとしたのは、モノそれ自体が「光―すくみ」という機能をになうのではない、ということであった。

光―すくみ反射をつくりだすためには、光感受性細胞群と、ある運動神経群とのあいだの、つながりが変化しなくてはならない。そのためには、酵素などの物質に、たしかに変化がおきているだろう。極端には、それまでそれらの神経細胞ではつくられていなかった酵素が、つくられるようになるのかもしれない。しかし、そうであったしても、その酵素が、光―すくみ反射を所有しているのではないのだ。

酵素はある特定の神経細胞の中になければならず、その神経細胞は、生体内である特定の位置をしめていなければならない。これらの条件がそろい、酵素がその神経細胞のある活動を変化させることによってはじめて、光刺激がすくみという機能をひきおこすことができるのだ。

逆にいえば、光―すくみ反射の形成に、もしも、新酵素の登場ということしか必要ないのであれば、その酵素を人工的に、特定の神経細胞に注入することにより、

「光は感電の到来を意味する」

という記憶を、そんなことは知らなかった個体にうえつけることが、理論的には、可能である。食べただけでできるかどうかが、おおいにあやしいだけだ。

しつこいようだが、神経細胞と神経細胞とのあいだの、つながり方が変わるということが、記憶、覚えたということであろう。だから、覚えたということは、神経細胞の中をいくらさがしても、とりだせないのである。テレビを分解して、部品を逐一しらべても、放送内容はとりだせない。新酵素や、ふつうより多量の神経伝達物質なら、みつかるかもしれない。でもそれは、覚えたということの原因や結果であって、覚えたということそれ自体ではない。覚えたということは、コトであって、モノではないからだ。

つぎの章では、私たちもふくめた、いわゆる高等動物の神経系について議論する。プラナリアよりも、量的に複雑な神経系が、どのように、私たちが一般に質的に異なると思っている行動の違いをうむのか。

もとより、人間はおろか、ネズミの脳にかんしても、多くのことはまだ謎である。したがって、いくぶん議論上のスペキュレイションをふくむだろう。しかし石川淳（注12）にならっていえば、

「なあに、かまうもんか」

誤りは、歴史が訂正してくれるだろう。

（注12）小柄でスポーツには無縁そうだった石川淳はしかし、思考は精神の運動であるととなえた。石川は、こののち本書が述べるように、思考と運動とは同じことである、ということに直感的に気づいていたのだと思う。石川の友人であり弟子ともいえた安部公房（注33参照）が無類の怪力で、高校入学時の体力検査のときには落ちるズボンを片手でずりあげながら、しかも草履ばきで、百メートルを十三秒で走ったほどの運動能力のもちぬしであったのは、偶然ではないだろう。安部の精神は強靭であった。もうひとりの石川の友人三島由紀夫（注14参照）も石川の影響を強く受けたと思われるが、悲しいかな、三島の心身はガラス細工であった。

第三章　発達した神経系とこころの問題

（一）脳科学の現在

脳を理解するための学問分野にお金や力が注がれている。生理学、生化学、薬理学、組織解剖学、遺伝学、心理学、工学、情報科学などで、脳の機能を解きあかすために役立つ、これらの分野を、近年ひっくるめて「神経科学」とよぶ。各分野の境界は、今やあいまいになり、私自身、

「なにをしているのですか」

とたずねられると、神経科学者でない人にも、すっとわかってもらえる答えを用意することができない。相手によって、そのつど、「生物学」と答えたり、「医学関係」といってみたり、もう少しつっこんで「神経生理学」といってみたり、さまざまである。実際のところは、神経生

理学を中心にしつつ、工学と情報科学をのぞく、右にあげた分野のすべてに、手を染めている。神経科学、あるいは脳科学としか、よぶことができない。

神経科学者たちが一同に会する集まりが、年に一度、アメリカで開かれる。一九七一年から始まった「アメリカ神経科学学会」である。内外の偉い学者たちが、ぞくぞくやってくる。私のような下っ端も、たくさん集まる。毎年十月下旬か十一月初旬に、場所をかえて催されるのだが、規模が大きくなりすぎ、何万もの人を収容できる集会センターのある都市（たとえば一九九八年はロサンジェルス、一九九九年はマイアミ）でしか、開催不可能になってしまった。事前に各メンバーに郵送される、演題とその抄録をおさめた「アブストラクト」は電話帳をしのぐ厚さで、しかも上下二冊あるのである。

では、このように圧倒的な物量をかけて、日夜研究がおこなわれた結果、私たちはいったいどのくらい、脳について知ることができたのか。ざっとみてみることにしよう。

《脳は進化的に、層構造をとる》

左に、ヒトの脳の断面図をかかげておいた（図10）。

脳は層構造をもっている。ヒトの脳も、ネズミの脳も（図11参照）、脳幹部と前脳部とに大別でき、脳幹部はさらに、延髄、橋、小脳、中脳、間脳などに、前脳部は基底核、辺縁系、大脳皮質などに、分類される。基底核と辺縁系は、大脳皮質の内側を、脳幹をとりまくように走っているので、この図ではみえていない。また、ヒトとネズミの脳での、大脳皮質の占める割合の大きなちがいに注目してほしい。ヒトの大脳は大きくなり、嗅球をかくし、小脳を半分つつんでしまっている。

深い部分ほど、進化的に古く、また原始的な機能をになうと、一般にみなされている。たとえば、脊髄からの延長で、脳の最下部である延髄は、呼吸反射など、生命の維持にかかせない基本的な機能をになっている。藤枝梅安（池波正太郎の創作した殺し屋〈仕掛人〉の鍼師。テレビでは緒方拳が演じた）が背後からねらったのは、この部分であろう。

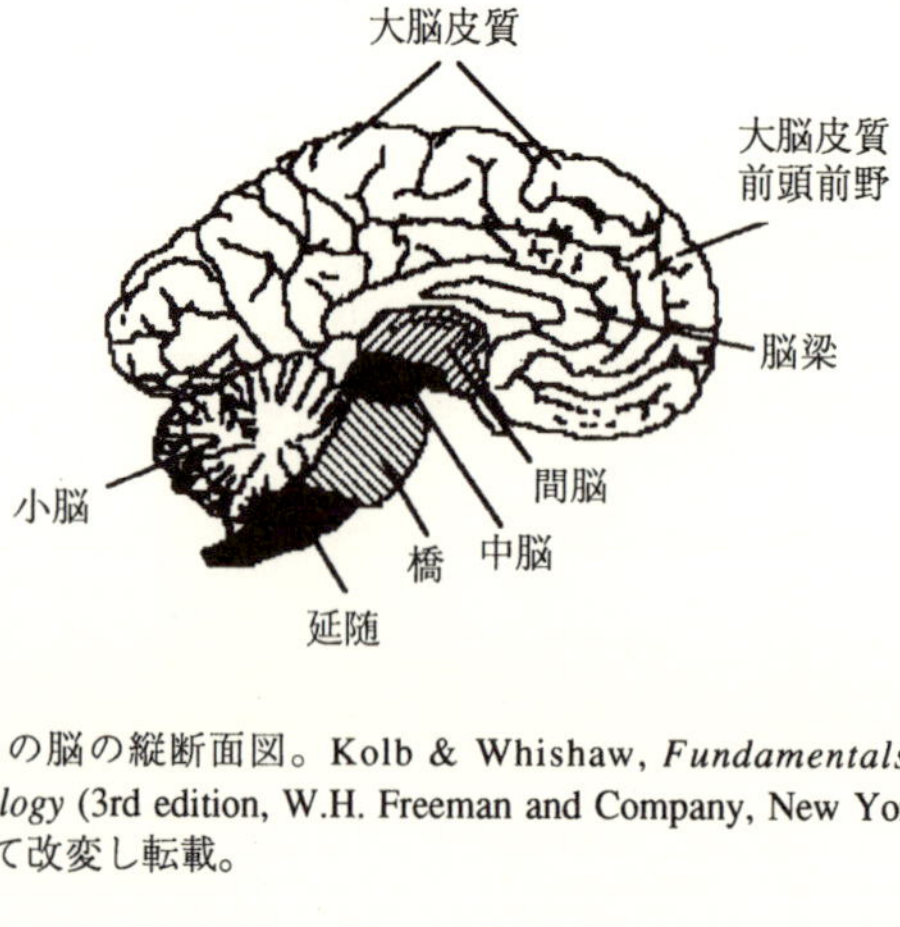

図10　ヒトの脳の縦断面図。Kolb & Whishaw, *Fundamentals of Human Neuropsychology* (3rd edition, W.H. Freeman and Company, New York, 1990) から許可をえて改変し転載。

ごく大雑把にいって、上にのぼるにつれ、覚醒状態の調節（中脳）、運動とバランスの調節（小脳）、食欲、怒り、恐怖などの基本的感情（間脳、辺縁系）、快不快（辺縁系、基底核）、精密な動き（基底核）、と徐々に、中心的にになう機能が、なんとなく高級になっていく。

脳幹部はサカナにもあるが、辺縁系となると、爬虫類以上ではじめてあらわれる。大脳皮質は、鳥類と哺乳類にしかない。ただ鳥類の皮質は、哺乳類のそれと比べ、表面がすべすべで、平滑脳とよばれる。

「ニワトリ頭」

三歩歩くと忘れる、と馬鹿の代名詞のようにいわれるが、最近になって、オウムは、訓練されればサイン言語をつかって人と相当のコミュニケーションができる、ということがわかってきた。しかしやはりニワトリには、サイン言語はムリなような気がする。オウムの平均寿命はヒトより長い。亀の甲より年の功の一例であろうか。

大脳皮質（とくに前頭連合野）の重要なやくわりのひとつは、より原始的な脳が暴走しないよう、抑制することである。大脳皮質が除去されてしまっても、とりあえず生きていくことはできる。できるが、ネコをつかった皮質除去の実験によると、やたらに怒りや恐怖などの反応をみせるようになる。皮質のおさえがはずれ、間脳の機能がもろに出てしまうのである。

正常な社会生活をいとなむためには、大脳が下部の脳をつねに抑制していなければならない。でないと、上司が理不尽な注文をつけるたびに、歯をむきだしたり、お茶をぶちまけたりしてしまうだろう。このような抑制は、じつは非常につかれることである。そこでヒトは、エチルアルコールをもちいて、大脳皮質の抑制を故意に弱め、気晴らしすることを覚えた。ただし、エチルアルコールは、神経細胞全体を抑制するから、摂取しすぎれば、もちろん死んでしまう。

アメリカでは、事情は深刻だ。映画やテレビで、親友だと思っていたやつがじつは一番の敵だった、というパターンがあきもせずくりかえされるが、実際アメリカ社会では、周囲の人間は、家族でさえ、すべて潜在的な敵である。なのに、帰りに一杯やる赤提灯はない。飲酒は悪癖とみなされているので、家庭でも思うようにエチルアルコールを摂取することができない。しかたなく精神分析へかよったり、かくれてコカインを吸入したりするのである。

《ひとつの層の中でも、役割分担がおこなわれている》

大雑把な層構造をあげたが、ひとつの層の中では、さらに細かく機能分担がなされている。また、同様の機能の発揮のために、層と層とのあいだで、機能が分担されている場合も、ある。

脳内の機能局在論というのは、冒頭図1でしめしたとおり、ヨーロッパでは昔からあった。

脳の内部に部屋のような分かれ目があり（つまり脳室）、それぞれに、「夢見」とか「想像」とか「記憶」とかの機能がおさまっている、と考えた。だいたい、ルネッサンス以前の知識人である教会関係者が、そう考えていたのである。デカルトも、人間に特有な「心」は、松果体に局在すると考えた。もっともこのような、言葉の書かれたラベルをぺたぺたと貼る、といったかたちの局在論はうち捨てられて久しい。

小脳や大脳皮質運動野が、からだの筋肉や眼球の動きをつかさどる。あるいは大脳皮質体性感覚野が、全身からの触覚刺激を引きうける、といった、行動の「物理的」側面だけでなく、恐怖とか怒りといった、いわゆる「精神的」側面までもが、かなりの程度、特定部位によってになわれている。

機能の局在を知るために、一番てっとりばやい方法は、脳の特定の部位を破壊し、行動にどんな影響があらわれるかをみる、というものである。この方法は、そうかんたんには、人間にあてはめることはできない。大日本帝国もナチスも、さすがにそこまではしなかったようである。

故意に人間の脳の破壊実験はできないが、事情から、結果的にそうなることがある。たとえば、手のつけられないてんかん発作を抑えるために、側頭葉の一部を切りとる手術をほどこすことがあった。ミルナーというカナダの学者は、一九五〇年代のはじめ、側頭葉切除をうけたある患者が（HMと頭文字でよばれている）、手術以降のできごとをおぼえられなくなったのに気づいた。この患者は、厳密には、側頭葉の内側にある海馬（かいば）という辺縁系内の小さな部位をおもに切除されたのである。そのほかの観察例とあわせて、海馬は（タツノオトシゴにかたちが似ているのでこの名がある）、記憶をつくるのに重要な機能をになっていると、広く考えられるようになった。

ただ、記憶の形成にはひと役買うが、海馬は、記憶を長時間たくわえておく場所ではないらしい。記憶はどこにたくわえられるのかというと、どうやら脳の広範囲に分散されているらしい。今まで事故や病気で、いろいろな脳部位の機能をうしなった例が起きているが、ひとつとして、ある特定の部位の損傷が、長期記憶一般をうしなわせる、という事実はみられていないからである。

これは、むしろ当然のことであろう。「記憶」とひとつの言葉に抽象するから、ひとつのなにかがあるように思えるだけで、過去のできごとが神経系に残す痕跡が、記憶であると広く考えれば、いろいろな記憶が、いろいろな場所にたくわえられていていいだろう。

海馬は、記憶の形成の機能分担の一例だが、海馬のすぐとなりにある扁桃核という小さな細胞群は、恐怖のような感情の起こりにひと役買っているらしい。扁桃核に傷をおってしまった人は、たとえば、ふつうの顔と怖い顔とを識別できなくなってしまう。そういう人は、だから、誰でもたやすく信用してしまうという。また、感情の起伏の異常にはげしい、社会適応のむずかしい人に扁桃核切除の手術をほどこすこともある。

人間でのこういう観察例は、実験動物をつかって、うらづけ調査がなされている。実験動物なら、多大な苦痛をあたえない範囲で、自由に切ったりはったりできることになっているからである。私がネズミの海馬の細胞を専門的に研究してきたのも、海馬が記憶形成に重要だと知ってのことであった。

ネズミでも、海馬を取りのぞいたり、海馬とその周辺部位とのつながりを断ったりすると、新しいことを覚えられなくなる。ただ、ネズミの場合は、空間認知にかんする記憶がとくにやられる、と一般に考えられている。

プラナリアの項で紹介したY迷路（図9）は、空間記憶のテストに使われるが、もう少し手のこんだ実験装置が、今はさかんに使われている。エジンバラ大学のモリスという心理学者によって考案された、「モリス式水迷路」がそれである。

円形プールに、牛乳をまぜた不透明の水をはる（注13）。ネズミを泳がせるわけだが、水面下のどこかに、ひとつだけ、小さなプラットフォームが備えられている。水からあがりたいネズミは、最初はやみくもに泳ぎ回って、偶然プラットフォームにぶつかり、よじのぼって助かる。何度かくりかえすうち、プールの周囲にみえる実験機具などの位置から、プラットフォームのありかを覚えてしまい、一直線にそこに向かって泳ぐようになる。海馬に傷をおわされたネズミは、プラットフォームのありかを覚えることができない。空間学習ができなくなるのである。

（注13）牛乳はなまものなので、よく洗わないと、腐敗して臭う。そのため今では、無機的なパウダーを使用するらしい。十年以上前、モリスの研究室をたずねたときはまだ牛乳全盛期で、しかもプールの直径は数メートルあった。自宅の風呂掃除どころの騒ぎではない。

ネズミの扁桃核も、人と似たような機能をもっている。「恐怖条件づけ」という、ネズミにとっては災難このうえない実験方法がある。ネズミを、床に金網を張った箱にいれ、網に電流を流すと、びっくりして跳びはねる。プラナリアの場合のように、電流を流すまえに、ある音をきかせると、やがて音だけで跳びはねるようになる。扁桃核に傷をうけたネズミは、この条件づけを学習できない。ちなみに、この恐怖学習をしたネズミの、聴覚から扁桃核への入力

（厳密には、聴覚からの入力を中継する視床の細胞から、扁桃核の細胞への入力）を調べると、そこのシナプスの効率があがっている。長期増強が起きているのである。

お金とガッツのある研究者は、サルを使って破壊実験をした。扱いやすさのためか、それとも安価に手にはいるからか、カニクイザルが多用されている。アメリカの国立衛生研究所（ＮＩＨ）のミシキンが、大御所の一人である。彼らの研究によると、目でみたものを覚えるとき、そのかたちや色といった、視覚記憶の形成には側頭葉が必要で、ふたつのものが左右に並んでいるとか上下にあるとかいう、空間記憶のためには、むしろ頭頂葉がはたらいているという。ひとつの「できごと」も、要素に分解されるわけだ。

サルの扁桃核を破壊して実験した人もいる。その当時は、扁桃核と恐怖の関係はあきらかではなかったので、私の知っている例では、扁桃核破壊のあと、行動上の異常を観察し報告した、というものであった。それによると、扁桃核を破壊されたサルは、なんでもかまわず口にいれるようになり、相手がモノだろうがなんだろうが、交尾の姿勢をとったという。警戒心がなくなった結果と考えると、恐怖との関係がみえることはみえる。

脳内機能の局在を知る方法としては、ほかにもモントリオール、マッギル大学のペンフィールドの試行があった。手術中の精神病患者の脳をあちこち電極で刺激してみたら、その人は刺激される部位によって、さまざまなことを思いだした、というものである。ただしいうまでもなく、刺激したその部位に、その記憶がおさまっている、というのではなく（それではおばあさん細胞説である）、刺激が、その記憶のたくわえに必要な回路を活性化したのであろう。ほかにも、細い記録電極を脳内に植えこみ、特定の行動をしている動物の、特定の脳部位の細胞の活動を測定する、という方法もある。脳細胞一個の電気的活動が、増幅装置をへて、ブラウン管上にライブで映しだされるのである。

しかし、なんといっても、現在もっとも注目されている新技術は、人間の脳細胞の活動を、頭を外科手術で開かずに、測定するというものであろう。ひとつは、ポジトロン・エミッション・トモグラフィー（positron emission tomography, ＰＥＴ）と、英語でよばれている技術だ。これは直接には、脳内の血流の変化をはかるものである。活動を上げた細胞は、それだけ酸素やエネルギーを必要とするから、その部位の血のめぐりがよくなる。そこでまず患者に、ガンマ線をだす放射性物質を静脈注射し、脳へとめぐらせる。そしてなにか考えてもらったり、特定の行動をしてもらう。そのとき脳内に起こる血流の上昇が、ガンマ線の強度の上昇として、コンピューター画面に映される、という寸法である。

もうひとつは、マグネティック・リゾーナンス・イメージング（magnetic resonance imaging, MRI）とよばれているものだ。磁場をあたえることによって、あたかも磁石の針が南北をさししめすように、脳内にある物質中の原子を、特定の向きに並ばせることができる。この状態の脳をある電磁波で照らすと、特定の電波信号を放射しかえしてくる。この信号は、脳内の酸素の量によって変化する。活発な部位には、血流にのって多量の酸素が集まるから、放射しかえしてくる電波信号の変化が、脳細胞の活動状態の変化を反映する、というわけだ。MRIは、人体に有害な放射性物質を注射する必要もなく、画像の細かさでもPETをしのぐ。

これら新技術をもちいてわかったのは、思ったとおり脳内では、ある程度の機能分担がなされているということであった。

たとえば、前世紀中葉、フランス人の医者ブローカは、左半球の前頭葉のまんなかあたりのごく狭い部分が、言葉をしゃべるために不可欠らしいと、臨床事実と死後の解剖所見から気づいたが（図1参照）、PETをもちいて調べてみると、たしかに、言葉をしゃべっている人の脳では、この「ブローカの領域」とよばれる部位の血流が、他のいくつかの部位といっしょに、増えていた。バイリンガルの人の左半球には、ブローカの領域がふたつできている、というのも、PETを駆使することによって、あきらかにされた。

これら新技術は、法を犯すことなく、人間にもちいることができるので、非常に高価だが、ここ十年ほどでかなり広まった。画像解析能もスピードも、もっと改良され、脳の機能地図の作成におおいに貢献するだろう。

《しかし、脳細胞は似たりよったりの電気活動しかしない》

このように、脳内では機能分担がかなりの程度、おこなわれているようなのに、脳細胞ひとつひとつの性質を調べてみると、だいたい、似たりよったりなのである。これも、ここ二、三十年であきらかになったことだ。

かんたんにいえば、視神経の束と視覚野は、ものをみるということをおこない、嗅球とそれにつらなる皮質野は、においを嗅ぐということをおこなうのに、視覚野と嗅覚野の神経細胞が、電気活動それ自体をとってみれば、特別にちがった性質をもつ、ということはない。

ちがいがあるとすれば、それは部位間にではなく、むしろ同じ部位の中の異種の細胞、とくに興奮性細胞と抑制性細胞とのあいだにみられる。一般に抑制性の細胞は、部位がどこであろうと、興奮性の細胞にくらべて、インパルスをかなりの高頻度で続けざまにだす。そうやって、随時、興奮性の細胞が暴走しないよう牽制しているのである。

しかしながら、もし、活動のもとにある分子機構をとるなら、興奮性細胞と抑制性細胞とのあいだにも、瞠目にあたいするようなちがいはない。あいかわらず、おもにナトリウムイオンが細胞膜の外から内へ流れこんで、興奮性インパルスをつくりだし、カリウムイオンが内から外へ出ていくことにより、そのインパルスの幅と頻度を調節している。また、塩素イオンが細胞膜の外から内へ流れこめば、興奮性インパルスは、つくられにくくなる。カルシウムイオンが流れこめば、細胞内の酵素の状態を変える。

神経細胞が、電気的な活動をしているらしいということは、かなりまえからわかっていた。脳波の存在が知られていたのである。一九四〇—五〇年代に、イギリスのホジキン、ハクスリとカッツは、イカの巨大神経細胞をもちいて、神経インパルスを測定し、その分子機構について調べた。ナトリウムイオンやカリウムイオンの役わりは、大部分それでわかったことである。のち、技術の進歩で、ネズミなど哺乳類の神経細胞でも、同様の仕事がおこなわれた。

結論は、イカでもネズミでも、そして実例は少ないがヒトでも、神経細胞一個一個の活動をとってみれば、まあ五十歩百歩であり、人間の神経細胞がとくに頭がよく、イカのそれがとくに低能であるということは、活動パターンとメカニズムをみるかぎり、結論づけられないということであった。

私は数年前まで、ネズミの海馬の、錐体細胞というグルタミン酸を神経伝達物質としてつかう興奮性の細胞と、その細胞上のシナプスの性質について調べるのを、専門としていた。現在は、ネズミの前頭葉前部の同種の細胞について研究している。海馬と前頭葉前部には、かなりあきらかな機能上のちがいがある。海馬は、すでに述べたように、空間認知の学習と記憶形成に不可欠である。前頭葉前部は、ヒトでもネズミでも、「目的行動の形成と発現」に必要であると考えられている。気を散らされると、自分がなにをしにこの部屋へきたのかを忘れてしまう、ということがときどきあるが、前頭葉前部の機能がじゃまされたために起きるらしい。両者は機能的にはちがうのに、錐体細胞の基本的性質には、大きなちがいがない。少なくともみた目には、似たような活動をしている。

厳密にいえば細かいところで部位間にちがいがないわけではない。しかし視覚や嗅覚、空間認知や恐怖の認知といった、みた目に大きい機能分化を、その違いそれ自体ですんなり説明できるほどのものではないようだ。神経インパルスの向きが反対であるとか、そんなたまげた違いはみられないということだ。

《脳は活発な分泌活動もおこなっている》

神経細胞の電気的活動を研究するのは、脳の理解に不可欠である。錐体細胞のような、べつの部位の神経細胞群にまで長く軸索をのばす細胞は、プロジェクション細胞とよばれるが、これらの細胞間を神経インパルスが駈けぬけることが、生物の行動をうむ直接の原因であるのは、確実である。神経インパルスが駈けぬけなくなれば、行動も思考も停止する。インパルスの迅速な伝導には、ミエリン鞘という、軸索をとびとびにくるむ非興奮性の細胞の存在が必要で、ミエリン鞘が選択的におかされる、ウイルスによると思われる病気にかかると、行動や意識障害があらわれ、病気が進行すればいわゆる廃人となろう。

しかし電気的活動が、脳の活動のすべてではない。神経インパルスの産出は、つねに、その細胞の内外にある物質によって、液性調節をうけている。そもそも、液性調節をうけていない、まっさらな状態の神経細胞など、想定するのも無意味である。

今世紀の後半、とくにここ三十年ほどは、神経ペプチドと総称される、アミノ酸のつながった分子量のわりあいに大きい物質が、つぎつぎ脳内に発見され、それらの行動への影響があきらかにされた時代でもあった。たとえば、脳内麻薬物質といわれるエンドルフィンやエンケファリンも、七十年代以降に発見された。それらの行動にあたえる影響も、多数の研究者によって追及され、痛みや快感の調節以外にも、記憶への影響がとりざたされた。私が大学院生のころは、精神分裂病のエンドルフィン説というのが、流行のひとつだった。

分泌を介したはたらきをおこなう神経細胞群の親玉格は、視床下部である。脳幹部中の間脳の構造のひとつで、感覚性入力や運動性出力の中継部として知られる視床という核の下にあるので、この名がある。視床下部は、そのまた下にある、脳下垂体という突起状の分泌センターを調節しており（これは高校の生物で習われた方も多いだろう）、脳下垂体は、卵巣や精巣からの性ホルモンの分泌や、ストレスが加わった際の、副腎皮質からのステロイドホルモンの分泌など、抹消の分泌活動をつかさどる。

視床下部のはたらきをかんたんにいうなら、感情の形成と発露、ということになる。たとえば「怒り」という感情を考えてみよう。ネコの視床下部（の一部）に電極をうえこみ、電気刺激すると、牙をむき、背中の毛を逆だて、いまにも襲いかかってきそうな行動をみせる。心拍数は上昇し、瞳は収縮し、冷や汗をかいてもいるだろう。「ニセの怒り」といわれる「理由なき怒り」だが、このときネコは、じつはほんとうに怒っている。でたらめにそういう身体反応をしめすのではなく、なにものかに向かって、反応をあらわすからだ。

「怒り」とは、大脳皮質の抑制から解放され活動をたかめた視床下部が、抹消へいたる自律神経系を刺激し、また下垂体からホルモン分泌を促しもした結果おこる、これら身体反応のことであり、また同時に、機能的につながりのある脳部位が視床下部により神経伝達を介して刺激され（下垂体ホルモンや抹消ホルモンがそれら脳細胞の電気活動を修飾もするだろう）、行動発現の準備をした状態のことである。分泌活動はないけれど電気活動だけで怒っている、ということはありえないのだ。

脳は自分自身を修飾する巨大な腺である。神経細胞のインパルスの伝達は、感覚や行動の起こる直接の原因ではあっても、その原因の生じるためには、抹消のホルモンや、神経ペプチドなどの影響が不可欠である。

《神経修飾系（ニューロモジュレーター）の脳内分布は、局在している》

哺乳類の脳では、感覚や行動をうむ直接の原因となる神経細胞は、おもにグルタミン酸とガンマアミノ酪酸を神経伝達物質としてもちいている。前者はそれをうけとった細胞を興奮させ、後者は抑制する。これらの神経細胞は、脳の全体に一様に分布している。だから、空間認知に関係している部位でも、恐怖の感情の形成に関係している核でも、中の細胞をみてみると、グルタミン酸とガンマアミノ酪酸をやりとりして、同じような機構にもとづく電気的行動をとっているわけである。

しかしここに、これらの細胞の活動を修飾（モジュレート）するのが、おもなはたらきの一連の神経細胞群がある。神経ペプチドもそうなのだが、よりくわしく研究されている、いわば代表格は、ドーパミン（これについては三章（五）「言葉の生物学的解体」の所でもややくわしくのべる）、ノルアドレナリン、セロトニンというアミン類を伝達物質としてもちいる細胞

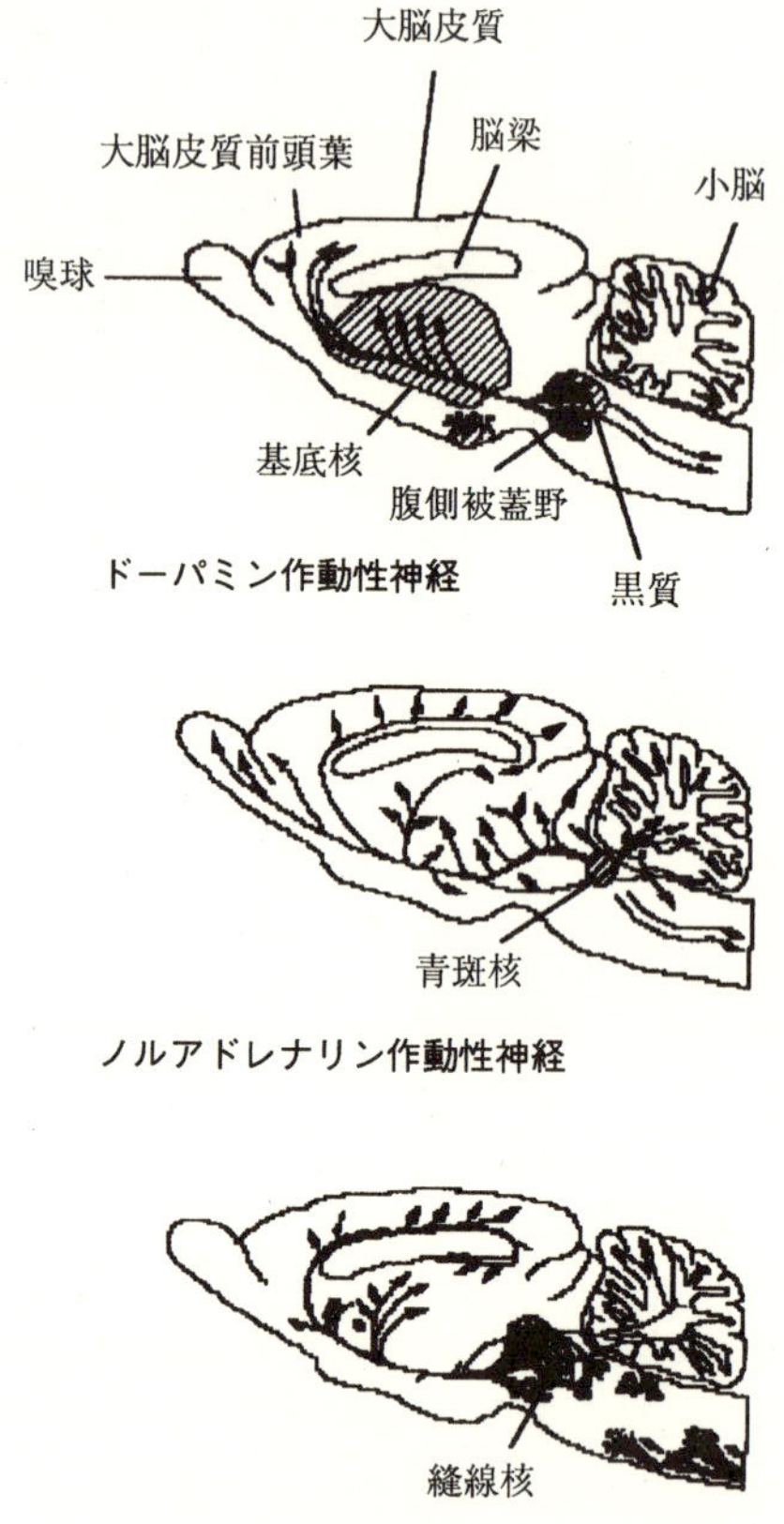

図11　アミン作動性神経細胞の局在とその軸策の広範な分布。Kolb & Whishaw, *Fundamentals of Human Neuropsychology* (3rd edition, W. H. Freeman and Company, New York, 1990) から許可をえて改変し転載。

群である。そして、これらの神経細胞には、極端な局在がみられる。

右に、これら三つの生体アミンを合成する細胞のありかと、その軸索の分布を示した（図11）。例外はあるが、モジュレーターを合成する細胞体はみな、脳幹部に局在し、そこから軸索が長くのびて、脳の各部に到達する。そこで、効果を発揮するわけだ。

脳幹部に局在することから察しがつくように、これらアミン類のはたらきは、機能的な意味で、非特殊的で、原始的である。いわば、各部位の特殊機能にあじつけをあたえる、調味料のようなものだ。ただし、なくてはならない調味料である。そのはたらきを言葉であらわせば、「意識レベルの調節」とでもいうべきものになる。つまり各部の神経群の分化した機能を、脳幹部に局在するアミン作動性神経が網のように覆い、それらのはたらきをチューンアップするという、いわば機能的二重構造を脳はとっているのである。

アミン類を伝達物質としてもちいる神経細胞群に異常がおこると、感情や思考のたががくるった状態になり、まとまりがうしなわれる。精神病である。精神病の人は、言葉をまちがわずにしゃべるし、計算だってきちんとできるが、言う内容や行動が、

「なにかへん」

なのである。

六〇年代、社会構造の急変したアメリカでは、若い人々のあいだで、LSDという幻覚剤が流行した。LSDはセロトニンと構造的に似ており、セロトニン作動性の神経細胞のはたらきをくるわせる。また、一般に、躁には、ノルアドレナリン作動性の神経細胞のはたらきをおさえる薬物が効き、欝はその反対である。この二つのアミンは、睡眠にも深くかかわっている。

分裂病は、ドーパミン作動性神経細胞に起きる異変がおおきな原因であろう。分裂病に効くとされる薬はみな、ドーパミンのはたらきをおさえるものなのである。中脳には、二つのドーパミン合成能をもつ細胞の集落がある。黒質という核にある細胞群は、軸索を基底核へとのばし、腹側被蓋野という部位にある細胞は、辺縁系、アカンベンス核、前頭葉で効果を発揮する。最近の動向は、前頭葉のドーパミンのはたらきの異常と分裂病をむすびつけようというものだ。前頭葉―ドーパミン―分裂病の関係は深くおもしろいのだが、本書の目的ではないのでここでは追及はしないが、のちの第三章（五）「言葉の生物学的解体」のところでもう一度触れる。

《細胞内物質レベルでも、脳部位間で首尾一貫したちがいはなさそうだ》

脳の分泌活動のところで説明したように、神経細胞の電気的活動と、液性の活動とは、分かちがたくむすびついている。

この十年ほどで、脳内の興奮性の神経伝達物質の代表格、グルタミン酸は、同じ細胞にたいして、電気的効果と酵素を介した液性効果の両方を同時におよぼすことが、あきらかになった。液性効果のほうは、電気的効果への修飾系のようにはたらくのである。つまり、自分で自分のはたらきを調節しているのだ。また、右にのべたアミン類の細胞へのはたらきは、すべて酵素を介する液性のものである。

神経伝達物質が、細胞膜上の受容体にくっついたあと、細胞内の酵素群のはたらきにどんな影響をあたえるのか、というのは、今急激に発展している研究分野のひとつである。グルタミン酸、ガンマアミノ酪酸、アミン類、神経ペプチド、すべてこの機構がわからなくては、神経伝達のすがたを包括してとらえることはできない……。

しかし研究がすすむにつれ、おもしろい実態がどんどんあきらかになってきた。厄介だと思っている研究者のほうが多いかもしれないが。

ひとつは、同じ細胞内で、同じ伝達物質が、くっつく受容体のわずかな種類のちがいによって、正反対の効果をうむことがある、というより、うむのがむしろふつうだ、ということである。もうひとつは、まったくべつの伝達物質なのに、細胞内での効果が、まったく同じであることがある、ということである。

ひらたくいえば、べつの物質なのだからべつのことをしているのだろう、と思うと、同じ酵素を活性化するように細胞内ではなっていたりする。また、ひとつの物質なのだから、細胞内効果は一貫しているのだろうと考えると大まちがいで、同じ酵素をある場合活性化するかと思うと、同じ細胞内で、べつの場合には非活性化したりする。

まえにものべたように、そこには、そうならなければならない物理化学的道理は、みられない。あそびが大きすぎるのだ。かくて、神経伝達物質が細胞膜にうかんでいる受容体を仲だちにして、細胞内酵素の状態を変えるその生化学的相互作用の地図は、繁雑をきわめる。もし神が細胞をつくったのだとしたら、なにをこのんで、こんな複雑怪奇、冗長なシステムにしたのだろう。

この複雑冗長な分子間のコミュニケーションは、脳内の、億単位の神経細胞ひとつひとつの内部で、日夜くりひろげられている。しかし、またまた全体をみまわしてみると、部位間でコミュニケーションのしかたが一貫してちがう、ということはない。ある伝達物質がくっつくための受容体の種類には、ある程度分布のかたよりがみられるが、細胞内におよぼす効果、ということであれば、種類のちがう受容体が結局同じことを受けもっているという場合が多い、というより、これまでのすべての例がそうである。また、たとえば海馬の背側と腹側で、酵素の分布にちがいがあるということはあるが、機能のことなる部位間で、みつかる酵素の種類に顕著なちがいがみられた、という話はきいたことがない。
特殊な物質をある機能に対応させるこころみは、すくなくとも現在までの知識によれば、やはり挫折せざるをえないのである。

受容体の種類の分布のかたよりが生じるのは、各部位で受容体づくりのために動員される遺伝子の使用部分が、ちがうからである。これは、遺伝的つまり進化的に決定された、脳が発達してくるときに使われる「プログラム」によるとされる。間脳、小脳、大脳などもこのプログラムにしたがって、また、できてきた隣同士の細胞と牽制もしあいながら、あるべきところに、あるべきすがたでつくりだされる。そして成長するにしたがって、ある部位は視覚を、ある部位はそのうちの空間認知を、そしてまたある部位はそのうちのかたちの認知を、またまたある部位は怒りの行動をと、かなりまとまった機能にかかわるにいたる。不思議なことである。

（二）なにが問題なのか

単刀直入にいって、私たちの多くが知りたいのは、

「心とはなにか」

また、

「心とからだの関係はどんなものか」

ということであろう。

こころのはじまりについては、プラナリアの章ですでにのべた。光がつねに電気刺激といっしょにやってくる、ということを覚えたとき、プラナリアは、それまでなんの反応も示さなかった光に、反応するようになる。プラナリアにとって、光が意味をおびたのである。光と電気刺激の関係が、彼の神経系の中にきざまれたのだ。このむすびつきの恣意性こそが、こころのはじまりであろう。

しかし、読者の方々は、満足しないだろう。

「そんな機械的な反応なら、文字どおり、すこし気のきいた機械なら、覚えることができるだろう。しかし私たちは、機械に心があるとは、いわない」

腑に落ちないのは、おもにつぎの二点と思われる。

私たちのこころは（プラナリアの場合も）、自発的に、はたらいている。

私たちのこころは、主観的なものである。つまり、していることや考えていることを、内で感じている。

機械が、光と刺激の関係を習得するとすれば、それはすでにこころをもつ人間が、機械をそのように組みたてたからである。金属が光と刺激の関係にみずから気づくということは、何万回ためしても、ありそうにない。

また、すくなくとも私たち人間は、たしかに、自分自身のしていることを、うちなる目でみている。このことは、一見、物質が存在するようなしかたで存在しているとは思いにくい。これをもって、人間には「心」があるが、動物にはない、という人がいたし、今でもいる。けれど、これはやはり、ちょっとへんである。私たちはみな、そのむかしは三歳児だった。

「産湯につかっているときの記憶がある」

などと主張する依怙地な人（注14）はべつとして、そのころは、自分自身のすることを内なる目がみている、などということは、なかったはずである。内なる目、一般に自意識とよばれているものは、成長するにつれ、獲得される。だとすると、三歳児には、動物と同じで心がなく、のちに心が天からふわりと舞いおりてきたりするのだろうか。

（注14）いうまでもなく『仮面の告白』の中の三島由紀夫のことである。この「うそ」については、吉

行淳之介がどこかで揶揄半分批判していたが、吉行の主旨とはちがい、私は、三島がもっとも古い記憶を「母親の体内からでた直後」としたことについて、つぎのようなことを興味深く思う。三島のこの設定は、彼ほど頭脳明晰で批判的な人でさえ、「オギャアと生まれでたあとが人生のはじまり」とする世の常識に安易にしたがってしまったことをしめすのではないか。もし三島の主張が作り話で（私はそう思う）、能力を誇示したかったのなら、オギャアと生まれでたあとよりも、その数分前の子宮内の記憶があるといったほうがより効果的であったろう。それとも、それでは世の人にとってあまりに信憑性がなくなると、そこまで彼は考えただろうか。

いうまでもなく、神経組織の物質的な発達が、右にいう「心」の獲得と平行している。たぶん心は、物質によって、できている。だから、たぶん、心のあるなしは、量的なちがいで、神秘をふくむところの質的なちがいではない。

心は物質によってはできていない、という立場から出発することも、できる。しかし、それに反対の立場をとるに足る傍証が、そろいすぎているように、私には思える。したがって、右の立場から説明するほうが、どちらかといえば、みのりがあるだろう。

これまでのべてきたことをふまえ、生物にまつわる神秘「こころ」にせまるためになすべき議論を、私なりにまとめると、つぎのようになる。

一、神経系の自発性の実態。
二、自意識とはなにか。
三、「考える」とはなにか。
四、主観の由来。感じるということはなにか。
そして、
五、脳内の機能のちがいはなぜ生じるのか。
以下、これらについて、順次論じようと思う。そのために、これまで紙幅をついやしてきたのだ。さて、どこまでできるであろうか。

(三) 生物のこころについて——自意識と思考

《神経系は自発性をもつのか》

生命の起源がタンパク分子だったのか、ＲＮＡ分子だったのかは知らないが、触媒能、自己複製能という、自発的な分子間作用が、そこにはあったはずである。しかしここで問題にするのは、分子の自発性の由来ではなくて、系としての神経の自発性の由来である。前者にかんしては、「生命の起源」にたぐいする本を参照してほしい。

すでに紹介したように、神経細胞の活動と行動をむすびつけるために、脳内に電極を植えこみ固定しておいて、長期間にわたり神経細胞の発火を記録する、という方法がよくとられる。おもにネズミをもちいておこなわれるこれらの実験によってわかることのひとつは、神経細胞は、ほぼいつでも発火しているということである。動物が記録箱のすみにうずくまり、なにもしていないときですら、たとえば皮質の細胞は、一秒間に数度のはやさで、神経インパルスを送りだしている。動きまわったり、環境に異変でも生じたら（たとえば見慣れぬ物体が侵入したなど）、神経細胞は一秒間に数十度、ときには数百度ものはやさで発火する。スピーカーを通してきこえる電気活動は、さながらマシンガンの乱射である。

神経細胞がいつでも発火しているというのは、脳部位にもよるけれども、麻酔下でも、ほぼ同じである。麻酔されて、痛みも感じず、そのあいだにおこったことも覚えていないからといって、脳内の神経が全部休んでいると思ったら、大まちがいである。（もちろん全部が休んだら、死んでしまう）。麻酔中にきかされた音楽を覚えていた、という報告があるし、麻酔されたネズミにものをみせると、視覚野の細胞は、頻度こそ落ちるが、ちゃんと反応する。

動物がなにもしていないときや麻酔下での神経細胞の勝手な発火を、自発発火とよぶが、厳密にはまちがいである。安静中、睡眠中、はたまた麻酔下でさえ、神経細胞は感覚器をとおしてつねに刺激をうけ、活動している。ほんとうの意味での「自発」発火は、ないか、あっても頻度は非常にひくいのである。その証拠に、ネズミの脳を厚さ四百ミクロンくらいの切片にきって、十分な酸素とブドウ糖をふくむ人工脳脊髄液にひたしておくと（切片にきるのは酸素と栄養がじゅうぶんにいきわたるようにするためである）、細胞はときには数日にわたり生きているが、刺激しないかぎりほとんど発火することはない（注15）。感覚器と標的器官から切りはなされ、それ自体で存在している脳とか、神経細胞というのは、いわば「死んだも同然」なのだ。

（注15）ただし正確を期すると、たとえば基底核の細胞の中には、このような状態でも勝手に発火するものがあるという報告がある。しかしそれは、パーキンソン病にみられるふるえなど、むしろ病理的状態のメカニズムではないかという意見のほうが大きい。よもや通常状態において生理的意味があったとしても、脳のほかの大部分が感覚器から切りはなされて沈黙しているとき、ここだけさかんに活動していてもやはりなんの意味もない。

ウイルスは生きているか生きていないか、という問いには、

「宿主細胞に接して活動しているときは、生きているが、それ以外のときは生きていない」

という答えかたがある。神経細胞にも、似たことがいえる。神経細胞は、それを興奮させるのに適した刺激源と、つぎに興奮させるべき標的とともにあって、神経細胞として、生きている

のであり、それらから切りはなされた神経細胞は、生命活動こそたもっていても、神経細胞としては生きていない。

「人工液中で生かされている脳は、なにを考えているのだろうか」という問を耳にしたことがあるが、なにも考えていないにきまっている。考えるという機能を、そんな脳は欠いているからだ。手足をもがれた動物が、歩けるだろうか。

神経細胞にとって、感覚入力をつねに受けていることの重要さは、カナダの心理学者ヘブ(注16)の実験から、あきらかであるように思える。人に酸素吸入器をくわえさせ、人体と同温、同比重、無味の液体をみたした防音箱の中にはいってもらう。上からふたをして、密閉してしまう。見えない、聞えない、触覚がない、味わえない、嗅げないという、感覚遮断の状態で、しばらく浮かんでいると、人はじきに気がへんになる。

(注16) ドナルド・ヘブ (**Donald Hebb**) は「ヘブ型シナプス」という学習モデルの提唱者としてよく知られており、多くの神経科学者に影響をあたえた。私の大学院での最初の師匠グラハム・ゴダード (**Graham Goddard**) もヘブの弟子であった。一九四九年に発表した *The Organization of Behavior* という本で、「神経細胞Aが発火しているとき同時にそのシナプス後細胞である神経細胞Bが発火すると、A

とBのつながりは強まる」と提唱し、これが学習の基礎過程のひとつであろうとした。約二十年後、イギリスのブリス（**Bliss**）、ガードナー・メドウィン（**Gardner-Medwin**）、それにスウェーデンのロモ（**Lømo**）が、ウサギの海馬で長期増強を発見し、ヘブの考察が基本的に正しいことを証明する大きなきっかけをつくった。

こんな実験の目的がなんだったのか、寡聞にして知らないが（洗脳あるいは宇宙空間体験の研究か）、この結果は、末梢器官からの刺激のない状態、いわゆる「自発発火」のない状態というのは、神経細胞にとって異常で、致命的でさえあることを示している。

生物の神経組織が「自発的」にはたらいているのは、さまざまな種類の刺激源で、世界がみたされているからである。適した刺激とともに、たとえばプラナリアの体内にめぐらされた神経網の中を、神経インパルスがつたわり、からだを波うたせて前進する。いたずらな触覚刺激は、抑制性のインパルスをさそいだし、この波うちをとめる。そして、ある刺激とある刺激の時間的な関係が、神経系内の変化へと翻訳されうることは、すでにのべたとおりである。

《ある種の神経細胞は、他の神経細胞からの入力を刺激源とする》

植物も、感覚はもっている。光や重力を感じることができるし、おじぎ草は、さわられると葉をとじる。しかし動物の神経系の特徴は、感覚における機能分担の発達と、移動に適した運動能力の獲得である。外界からの感覚刺激と運動をむすびつける中継のための系が、動物の神経である。

ところが、ある程度「高等」な動物の脳内には、感覚入力や運動出力と直接むすびついていない神経細胞の群がある。とくに重要と思われるのが、大脳皮質連合野である（前頭、頭頂、側頭と三つに便宜上分けられる。図1参照）。ほかの部位、たとえば海馬や扁桃核も、感覚入力と直接むすびついているわけではない。しかし、大脳皮質連合野が特別視されるのは、それがサルとヒトで、もっとも巨大に発達しているからである。

五感や筋肉の運動と直接むすびついていないが、それらの領域に隣接して存在し、人間でもっとも発達しているこれらの部位とは、いったいなにをするところなのか。

重要な事実は、以下のことである。

連合野は、感覚刺激を入力とする領域からの入力を、受ける部位である。また、他の、感覚と直接むすびついていない領域からの入力を、受ける部位でもある。さらに、サルやヒトへの進化でとくに大きくなった前頭葉の連合野は、動きのプログラミングをしたり、実際に繊細な筋肉運動をおこす運動野のすぐとなりにあり、「行為の発現」に不可欠な部位でもある――つまりここで起きたことが最終的な「意志的」行動を決定しうる。

視覚野が眼をへて光による刺激を受け、聴覚野が鼓膜をへて空気の波による刺激を受けるのに対し、連合野は、これら感覚野でおこる神経細胞の活動それ自体を刺激として受け、行動へと結びつける「脳内感覚器」「脳内効果器」なのだ。

「脳内感覚」という事実は、べつに不思議でもなんでもない。眼や耳などの感覚器の細胞は、しかるべき刺激源にあうと脱分極し、神経インパルスをそれぞれの感覚野の細胞へつたえる。感覚野の細胞は、感覚器からのインパルスを受けると脱分極する。このあたりまでを抹消感覚とすると、感覚野の細胞がみずからの神経インパルスを連合野の細胞につたえ、それらの細胞を脱分極させるのが、脳内感覚である。脳内感覚器は、さらに、脳内感覚器どうし、連絡しあっている。

脳内感覚器の存在は、どのようなことがらを、可能にするだろうか。

プラナリアは、「光」と「感電」をむすびつけることは、どうにかできた。しかし、「感電がすくみをおこした」という事実はたぶん感じられず、また「光がすくみをおこした」という事実も感じられないから、「光と感電がむすびついている」という事実もたぶん感じることができない。「光と感電がむすびついている」ことを彼は知っているだけだ。さらに、脳内感覚器をもっていないプラナリアは、たとえば、光をみることをみる、ことはできないのだから、光刺激なしに、光を「イメージ」することも、つまり光があるかのようにふるまうことも、できないだろう。

光を感じる、ということは感覚である。感電するというのも、感覚である。光が感電とむすびついているということも、感覚なのである。この種の感覚は、ときに「概念」という言葉でよばれ、べつもののようにあつかわれるが、刺激源が外にあるか内にあるかのちがいだけで、両者は同じことである。さらに、「光を感じる」が感覚なら、「光を感じることを感じる」のも「光を感じることを感じる」のも、「高等」動物に可能な感覚である。これら後者を私たちは、認識と自意識と、ふつうよんでいる。

整理のため、ここまでのところを「こころの構造」として図式的にしめしてみた(図12)。順をおって説明すると、

(1)まずいうまでもなく、世界はさまざまな、私たちの感覚とは独立して実在すると信じられる、モノからなりたっている。モノには当然神経細胞もふくまれる。

（2）つぎに、あるモノの存在は刺激となって神経細胞の状態をかえうる。モノのかたちをみることができるし、においをかぐことができる。これらは生まれつきそなわった刺激と反応の組みあわせだが、神経細胞は「学習」によって、もともとはなかった組みあわせをも獲得することもできる。もちろん視細胞がにおいを感じるようになるわけではない。プラナリアの場合のように、電流―触覚細胞―運動神経細胞―すくみ、というくみあわせに、学習が、光―視覚細胞―運動神経細胞―すくみという、新しい組みあわせをわりこませることができるのだ。学習は根

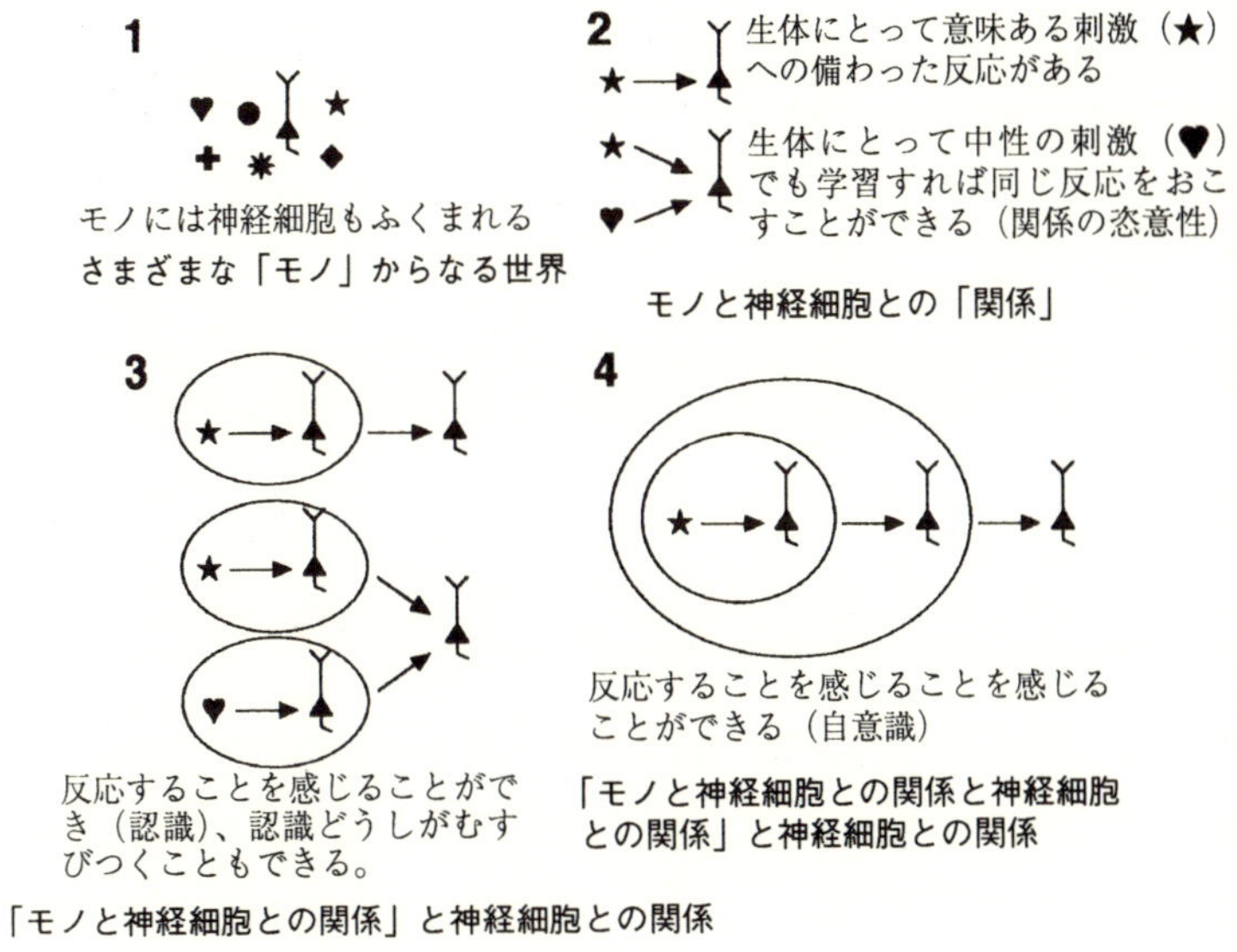
1
モノには神経細胞もふくまれる
さまざまな「モノ」からなる世界
2
生体にとって意味ある刺激（★）への備わった反応がある
生体にとって中性の刺激（♥）でも学習すれば同じ反応をおこすことができる（関係の恣意性）
モノと神経細胞との「関係」
3
反応することを感じることができ（認識）、認識どうしがむすびつくこともできる。
「モノと神経細胞との関係」と神経細胞との関係
4
反応することを感じることを感じることができる（自意識）
「モノと神経細胞との関係と神経細胞との関係」と神経細胞との関係

図12　「こころの構造」を模式的にしめす。くわしくは本文を参照。

本的に恣意的で、さまざまに変わりうる。

（3）つぎに、ある程度発達した神経系は、これらの刺激—反応のくみあわせがおきているということそれ自体（事実）を、感じることができる。たとえば、「感電がすくみをおこしていること」や「光がすくみをおこしていること」を、感じられる。これが一般にいわれる認識である。そしてこれら二つの認識もまたむすびつきうるから、「光と感電がむすびついている」ことをも感じることができる。

（4）さらにヒトのように脳容量がおおきくなると、認識していることをも感じることができる。これは自意識であり、おそらく前頭連合野がはたらいている。

かえって混乱したかもしれないが、強調したいのは、基本にあるのは「感じる」ということであり、認識や自意識は、超自然的ななにかがそなわっておこるわけではないということだ。「こころ」のあるなしは、質的に同じしくみが、量的に連なるかどうかにかかっているのだ。

《「イメージ」と思考》

右のことをもとにして、思い考えるとはいったいどういうことか、考えてみよう。

考えるのは、なにも人間だけではない。ネズミも猫も犬も、考える。子供のころ、家で飼っていた犬を、私と妹は反対方向からよび、どちらへ彼女が先にやってくるかくらべあったものだが、そのとき彼女は、じつに困った顔で私と妹とをかわるがわるみながら、その場を動かなかったものだ。どうしたものか、考えていたのである。

彼女の脳裏には、いくつかの「イメージ」が浮かんでいたはずだ。妹からお菓子をもらえる場面とか、やきもちをやいた私に耳をひっぱられる場面とかである。私たち人間が考えるときも、同じことをおこなっている。

ここで断言するが、「思考」の構成要素は、「感じる」ことと「動く」ことのふたつ、ただふたつだけである。ある場面で手足を動かすのを運動といい、筋肉の動きを故意に封じて、実際の、あるいは想起した場面の中で、想像上の行動をとる（イメージする）のを思考という。それだけの違いだ。

ヒトでは視覚が非常に発達しているので、想起する場面は、他人や自分が行動している情景、あるいはなにか物体が運動している光景が多い。しかし、音からなっている場面、臭いからなっている場面というのもある。犬の仲間は鼻が鋭く、視覚世界よりむしろ嗅覚世界に住んでいるとさえいわれる。臭いの記憶は、場面として、脳内にたくわえられているはずだ。

もし脳内で行動をシミュレートする能力がなければ、いちいち実際に可能な行動をとり、その結果を体験し、比較するしかなくなる。そんなことをしていたら、命がいくつあってもたりない。

「生きるべきか死ぬべきか、それが問題」なときに、実際一度首をつって、どんな具合かためしてみよう、というわけにはなかなかいかないからだ。

《思考の神経メカニズム》

したがって、思考を段階的にのべれば、記憶にもとづくいくつかの場面のイメージ、場面にはりついている快不快の味つけの比較、そして最終的にはひとつの場面の選択、ということになろう。

これは「抽象的」思考にもあてはまる。しかしそれについてはのちに論じるとして、ここではまず、人や動物がなにか「具体的」なことを考えているときに、脳のなかではどんなことが起きているのか、想像してみることにしよう。

思考は場面の想起からはじまるが、想起するためには、場面が覚えられていなければならない。記憶のない脳は、ソフトの入っていないコンピューターのようなものだが、コンピューターなら、ソフトを一度装填すればすむ。神経系の場合は、だんだんとかきこまれていく。子供のころにかきこまれたものほど長持ちする。鳥類のすりこみが好例だ。人工の環境で、ローレンツのようないたずらものが、卵のそばをうろうろしていると、産まれたばかりのひなは彼を親と思い、うたがうことなく、あとをつけて歩く。感覚と行動のパターンは、神経系にすりこまれてしまい、それ以外の考えは不可能になる。私たちの行動の基礎的なところも、小さいころのすりこみによっているといってよいだろう。

それでは、場面つまりできごとの記憶が、どのようにかたちづくられるのかを、すりこみと似た現象、フラッシュバルブ（フラッシュバック）記憶を例にとって考えてみよう。

ある年齢以上のアメリカ人は、ケネディ大統領の暗殺を、きのうのことのように覚えているらしい。ニュースを聞いたとき、どこでなにをしていたか、部屋の家具や壁紙の模様まで、しっかりと「脳裡」に焼きつけられている。

ヒトの場合、視覚刺激は、後頭葉の視覚野から、おもに側頭葉連合野やその内側にある海馬につたわり、「できごと記憶」として、固定されるのだと考えられている。海馬やその周辺に傷をうけたヒトは、新しいできごとを覚えられなくなるからだ。しかし、古い記憶はうしなわれずに残っているので、海馬やその周辺部位は、できごと記憶をかたちづくるためには必要でも、記憶をしまっておく場所ではない。記憶は、脳内とくに皮質の中に、分散されて、なんらかの変化、たぶんシナプスの性質の変化として、たくわえられているらしい。

だいたいこのくらいのことしか、まだはっきりとはわかっていないのだが、大雑把にいって、つぎのようなことが起きているのだと私は想像している。

海馬の錐体細胞は、毎秒数度くらいの頻度で数秒間刺激されただけで、くるったように「バババッ」と発火しはじめる性質をもつ（注17）。海馬がてんかん発作の病巣となりやすいのは、この性質によるものだろう。だから、視覚刺激が海馬につたわり、そこの錐体細胞をある程度以上の強さで興奮させることができれば、刺激は増幅された信号となり、海馬と連絡のある脳部位へと送りだされるだろう。ところで、視覚刺激は、海馬へいたると同時に、かたち、空間配置、その動き具合、などの要素に分解され、側頭葉、頭頂葉、前頭葉などへも送られるにちがいない。そこへ海馬から、増幅された信号が到達し（プラナリアの項でのべた「連合」効果によって）、視覚刺激を「固定」するのではないか。だからもし海馬がなくなれば、増幅信号はつくりだされず、視覚刺激は「認識」されても、記憶として痕跡をのこすことはないのではないか。

（注17）この性質はたとえば大脳皮質の細胞にはみられない。これが「脳細胞は似たりよったりの……」の項でふれた「部位間での細かいところの違い」のひとつであるが、このような比較的あきらかな違いは、異なる大脳皮質の部位間では、やはりみられない。

このとき重要な役割を果たすのが、脳幹部にあって脳内にひろく軸索を送りこんでいる、アミン作動性神経細胞であろう（図11参照）。視覚刺激が、生まれてこのかた接したことのない突飛なものだった場合とか、命にかかわる重要なことをあらわしている場合などに、これら小さい領域に局在する神経細胞群は、刺激をうけ、アミンが脳内各地で分泌される。セロトニンにかんしてはまだよくわかっていないが、ノルアドレナリンとドーパミンは、神経細胞への雑音をフィルターし、同時に、大きな刺激は増幅して、よりつたわりやすくする効果をもつ。注意集中をしやすくし、入ってきた重要な刺激は、増幅されるのである。いうまでもなく、アミン作動性神経細胞は、海馬にも皮質にも、軸索を送りこんでいる。

まとめると、つぎのようになる。

人が車にはねられるなど、経験に照らして異常な場面は、脳幹のアミン作動性神経を刺激する。アミン類は、その視覚刺激が、海馬を興奮させるのをたすける。また大脳皮質連合野には、同じ視覚刺激が要素にわかれて、送られている。海馬からの増幅信号と大脳中のアミンのはたらきで、これら要素は、それぞれの場所で、神経細胞内かシナプスの機能的変化として、痕跡をのこす。この時点で、海馬の役割はほぼおしまいである（注18）。最終的に場面の記憶は、アミン作動性神経細胞もふくめた、細胞間のつながり具合の三次元的パターン（ネットワーク）の変化として、脳におぼえこまれる。

（注18）ほぼであってすべておしまいではない。なぜなら、比較的新しい記憶は、海馬がないと思いだせないからである。ネズミなら数日、ヒトでは長くて数年前までの記憶のよびだしが、海馬の損傷で影響を受ける。種類によって記憶のかきこみは、このように時間のかかる仕事である。

神経細胞のネットワークは、いったん脳にかきこまれると、もともとの刺激とは独立した実体になる。べつの刺激をきっかけとして、ネットワーク内を神経インパルスがめぐると、同じ場面を、快不快の思いとともに、くりかえしみることになる。事実、ＰＥＴをもちいて、場面をイメージしている人の脳細胞の活動を測定すると、連合野とともに、視覚野も、活動しているのがわかる。外から到達した刺激ではなく、脳内に起源をもつ刺激を、文字どおり「みている」のだ。これが、イメージの神経メカニズムである。

場面の中ではものが動き、私たち自身も動いている。また私たちは、場面自体を動かすこともできる。懸命にしゃべっているとき、しらず手足を動かすのは、イメージの中で自分が行動し、またイメージ自体をあちこち動かしているからである。このようにして私たちは考えているのだ。

解剖学的には、行動の発現にとって重要なのは、おもに、前頭葉—基底核—視床—前頭葉とつながる回路と、小脳である。これら、動く、あるいはものを動かすために必要な部位は、同時に、考えるためにも必要な部位である。両者は同じことだからだ。

人でも動物でも、前頭葉前部は記憶を行動のため活用できるよう、ほかの脳部位からひきだして一時的にたくわえておく、バッファーのような役割をもつ。ここで場面は選択され、行動へとくみたてられるのだ。だから、前頭葉前部に傷をおった人は、自分が今なにをしているのかを、覚えていられなくなり、また二つ以上の場面を想起し、それらを比較することもできなくなる。したがって、はたからみると、

「なにを考えているのかわからない」

行動をとる。また基底核は、みずからスムーズに動いたり、なにかを上手に動かすために重要である。小脳とともに、場面やモノをイメージの中で動かすのに必要なのだろう。

《神経系の中の時間》

ちょっとみちくさになるが、人の場合、感覚中もっとも発達している視覚をとおしてとらえられるできごとは、時間的な配列を明確につけられておぼえられるのに、そのほかの感覚をとおした刺激としてとらえられるできごとには、あまりそうした区別はつけられない。視覚が特有の性質をもっているからというより、発達の度合のちがいによるのであろう。盲人は、聴覚刺激をとおしてつくられるできごとに、正確な時間的配列をつけておぼえるだろう。

記憶の時間配列は、脳の中でどのようにつけられるのだろうか。なぜ生物は時間を知ることができるのだろうか。

記憶のはっきりさと関係ないことは、ほぼたしかである。五分まえにおきたことの記憶と、十分まえにおきたことの記憶には、はっきりさにおいて、ちがいはない。二十年まえのできごとと、三十年まえのできごとの記憶にも、あいまいさにおいて、大きなちがいがあるとは思えない。なのに私たちは、どちらが先におきたかを、多くの場合知っている。なぜだろうか。

重要なことは、時間というものが、独立して存在するわけではないということだろう。生物にとっての時間とは、いやたぶんいかなる意味でも時間とは、できごとがおこるということそれ自体であろう。時間とはたぶん機能のことで、空間とはたぶん構造のことである。ジョージ・バークリーはおそらく正しい。空間がありそこに物体があるのではなく、物体があるからそこに空間があるのであり、時間がありそれにのって物体が動くのではなく、物体の動くことが時間をつくるのだ。したがって「時間を止める」と私たちの活動が止まってしまうというSFの場面は話が逆で、できごとがおこらなくなれば時間は止まる、というより、消えるのである。生体の中でのできごとがなくなれば、つまり生体が死ねば、その生体にとっての時間は消える。

できごとを覚えているということが、生体が時間を知っているということなのだろう。そしてできごとは、ぶつぎりにおこるわけではない。つねに、連続しておこっている。だから、おきたできごとを覚えているかぎりにおいて、生物は時間を知っている。逆にいえば、できごとのおきた流れを忘れてしまって、ぶつぎりの場面しか覚えていなければ、生物はその前後関係をも忘れる。

ただ、ヒトの場合は、言葉に頼ることで、時間を知るという手もある。この場合は、ぶつぎりになったできごととできごととを、「ものがたり」がつなぎ、ものがたりを覚えていることで、どちらが先におきたかを覚えているわけだ。ものがたりとしてつながらない、ふたつのぶつぎり場面は、だから時間配列をつけることができない。

《抽象的思考とはなにか》

本題にもどろう。思考とは、記憶の中の場面の想起と比較、そして一つの場面の選択である、とのべた。

「それは具体的な思考、『今夜はフランス料理にしようか、日本料理にしようか』といったたぐいの思考にはあてはまるが、もっと抽象的な思考にはあてはまらないのではないか」

私はそうは思わない。

抽象的思考には、大雑把にいって二種類ある。いわゆる抽象名詞を多くもちいておこなわれる概念の操作と、数字の操作である。いずれにしても、

「経験主義か、合理主義か」

「1＋1＝2」

は、

「フランス料理か、和食か」

と、生物学の立場にたてば同じことである。ましてや、前者がなにか高級なことであるとは、私はまったく思わない。

「経験主義」、と考えるとき、人は「経験主義というイメージ」を思い浮かべているはずである。それは、今まで「経験主義」という言葉につらなって見聞きしたことが、かさなってつくられた、具体的なイメージである。「フランス料理」というイメージがあるのと同じく、「経験主義」というイメージがある。そして「フランス料理」をイメージすると、それからさまざまなべつのイメージが誘いだされるのと同じく、「経験主義」をイメージすると、べつの関連イメージが誘いだされる。私の場合なら、ブリテン島のかたちと、ホワイトヘッドのはげ頭と、なぜか知らないが緑の色彩が浮かんでくる。

一方、経験主義について考えるときは、経験主義のイメージをたよりに、べつの言葉をみつけだしてくる必要がある。

「人にうまれつきそなわった知的形式を認めず、思考や行動はすべて感覚をとおした経験によってかたちづくられるとする哲学的立場」

とかなんとか。

これら言葉のひとつひとつが、またイメージをもち、そのイメージについて考えるには、またべつの言葉を……と、ひきだしは細かくなる。

フランス料理について考えるときも、まったく同じである。

「あぶらっこいソースを多用するあれ」

とか、

「イタリアのカトリーヌ・ド・メジチが、アンリ二世にとつぐときに連れてきた料理人が、もともとはつくりだしたもの」

とか、さまざまな言葉とイメージを、誘いだす必要がある。

「フランス料理はモノとして具体的に存在しうるが、経験主義は存在しない」

などという人がいるとすれば、とんだ勘ちがいである。ただちに訂正していただきたい。あるのは、フランス料理というイメージか、個々の料理だけである。目のまえの料理がフランス料理であるのは、私たちがフランス料理というイメージをみているからである。

フランス料理というイメージをかたちづくるには、「フランス料理」を一度もみたことがなくても、まったくさしつかえない。しかし仮に、それこそ経験的に、数百の料理をみてから「フランス料理」というイメージを、イデアを、かたちづくった人がいたとしても、イメージは、できたときに脳の所有物となる。

私たちが知っているのは、脳の中におきていることであり、ただそれだけである。このかぎりにおいて、「経験主義」と「フランス料理」に、なんら質的なちがいはない。

数字の操作は、どうなるのか？

デアーヌらによれば、二つとか三つとかの、小さな整数なら、人間の赤ん坊はおろか、チンパンジーやほかのサル、イルカ、ネズミ、オウム、ハト、はてはアライグマにいたる動物で、識別可能なことがたしかめられているという。またチンパンジーは、

「2＋3＝5」

程度の計算ならできるし、かんたんな分数計算さえ、教えればできるらしい。

数が「不思議」とされる理由のひとつは、二個のオレンジであれ、二頭のホッキョクグマであれ、二度の爆発音であれ、二は変わらず二だからである。さらに、ほんとうは二ではないのに、たとえば十人いる人を、五人ずつに分けたりして、二であるとすることもできる。

こんなことがなぜできるのかというと、いうまでもなく、「二」というイメージを、脳の中にすでにもっているからである。その点で、「二」は「フランス料理」と同じである。ちがうのは、「フランス料理」のイメージが時間をふくまない視覚空間的なものであるのに対し、「二」のイメージは、聴覚時間的か、視覚空間的であっても時間の要素をふくむ、ということであろ

う。「二」というとき、私たちは、本来、イメージを二度ならべているのだ。イメージが二度くりかえされるということが、二ということなのだ。だから数の認識には時間がかかるのだ。

本来、と右で限定したのは、小さな数であれば、熟練者は、かぞえるべき対象をただひとつの視覚イメージの中におさめ、それを直接「二」や「三」に翻訳することができるからである。この能力は、東洋人のほうが西洋人にくらべ、まさっている可能性がある。かなり以前、アメリカからきた生物学者と話していたとき、

「実験動物室でネズミの数を調べるとき、私は、一、二、三、四、五、とかぞえていくのに、韓国人の同僚は、五なら五、と瞬時に把握する。あれはなぜだろうか」

とおもしろそうに質問してきた。そのときの私は、うまくこたえることができなかったが、今ならこういうかもしれない。

「たぶん、漢字をつかうことで、空間認知能が養われたからでしょう」

とはいえ、いくら東洋人でも、十はむずかしいし、二十は不可能だろう。その場合は、非熟練者と同じように、時間をかけてかぞえなければならない。そして数が大きくなるほど、言葉にたよらざるをえなくなる。視覚であれ聴覚であれ、一〇〇のイメージを配列しておくことは、脳にはできないからである。言葉をもたない動物は、だから、ごく小さな数しか、知ることが

できない。

解剖学的には、言葉にたよらず数をかぞえる場合、目にみえるものなら、視覚野と、空間認知にかかわる頭頂連合野、そして前頭連合野が、もっとも活発にはたらいているであろう。頭頂連合野が、視覚刺激をいくつかの任意の単位にわけ、それら単位は前頭連合野に映しだされ、かぞえられる。前頭連合野にはいった刺激の頻度が、すなわち「数」なのであろう。

《判断――ひとつの場面の選択》

イメージをつくり、それらを配列したあと、思考の最終目的である判断、つまり一つの場面の選択がおこなわれる。その場面にそぐうように、あるいは文字どおりその場面にむかって、私たちは行動をおこす。つまり手足を動かす。

判断は、前頭連合野の機能であろうということで、おおかたの研究者は一致している。「思考の神経メカニズム」のところで言及したように、前頭連合野は、記憶された場面や、今現在自分のしていることの場面を映しだすスクリーンのような機能をもつらしい。要素にわかれて、頭頂や側頭連合野に送りこまれた視覚刺激、あるいはそこにたくわえられていた視覚記憶は、前頭連合野の中で、場面として再構築され（注19）、それを視覚野が「みる」のではないかと考えられる。そして、いくつかの、そうしてみられている場面の中から、ひとつを、行動の目標として、えらぶわけだ。

（注19）再構築の機構はわかっていない。神経科学の領域のナゾのひとつである（バインディング問題とよばれる）。脳にはいるとき要素に分けられてしまう「できごと」が、どのようにその「できごと」へと再構築されるのか。これは「おばあさん細胞説」の時代にはなかった疑問である。

その選択の基準はなにか。

快不快の感情が、選択を大きく左右するのは、ほぼまちがいないだろう。よく知られている事実だが、感情をともなう場面の方が、中性的場面の選択より、かんたんにおこなわれる。

「成人映画館が人通りの多い路地にある。ポスターにひかれるのだが、入るべきか入らぬべきか」

「郵便ポストが、ここから同距離だが反対方向の路地にそれぞれある。どちらに手紙を出しにいくか」

迅速におこなわれるかどうかはべつとして、前者の方が、行動の選択の難易度それ自体からすればやさしいと思うが、いかがであろうか。

かつて同じ選択をしたことがあるかないか、にも判断一般は左右されるが、それはつまり、経験によって、選択するべき場面に感情の味つけがなされていたからである。重要な要素は、快不快の感情、イメージされた場面にともなう臨場感であろう。

ダマジオらは、これらの事実と推測から、「からだへの刻印仮説」というのを提唱している。判断すべき場面に遭遇したとき、かつて同じか似かよった場面に接したときにおきた自律神経性の身体反応（血圧の上昇とか消化器の収縮とか）が再現され、それをしるべとして、行動の選択がおこなわれる、というのである。

感情のともなう場面に接すると、自律神経性身体反応により体内の電場や皮膚の電気抵抗が変わり、皮膚上の二点間の電圧変化として計測される。うそ発見器の原理だ。ところが、前頭葉前野の一部（内腹側）に傷をおった患者では、この変化がみられない。そして判断力がいちじるしく阻害されている。身体の状態を感覚する、頭頂付近の体性感覚野に記憶されているパターンが、似かよった場面への遭遇により、うながされて前頭前野へつたわり、そこから身体反応を再現させる。それによる臨場感に助けられて行動をえらぶ、とダマジオらは考えるわけだ。

この考え方は、「思考の神経メカニズム」のところで私の論じた考えと共通点が多い。異常な場面など、感情が刺激されたときは、その感情とともに、できごと記憶はたくわえられる、と私はいった。したがって、同じか似かよった場面にであったとき、あるいはその場面を想像したとき、人は味わった感情をも、再度味わう。記憶に対応する脳内の三次元的神経ネットワークが、脳幹部のアミン作動性神経群だけでなく、自律神経センターである視床下部をもふくんでいるとすれば、ある場面への遭遇が、身体反応をもひきおこすのは当然だろう。そして経験的に、これは事実である。前頭前野は、その三次元的神経ネットワークの、キー中継点なのだろう。

つけたしたいことはふたつある。ひとつは、もちろんダマジオらも言及しているが、身体反応もふくめた快不快の感覚とともに思いえがくのは、かつて遭遇した場面であると同時に、その場面の中でひとつの行動を選択した結果起きたできごとでもある、ということ。

もうひとつは、「思考の神経メカニズム」のところでも触れたが、アミン作動性神経が刺激され、つまり「感情」がおこり、海馬や大脳皮質にアミン類が分泌されると、できごとが記憶としてかきこまれやすくなる、ということである。感情をともなった経験は、のちのちまでよく覚えている。たぶん「感情」の役割は、その場での行動の噴出の手引きのほかに、その場面を脳につよく覚えこませることなのであろう。感情と行動と記憶、のちに詳述するが（第三章

（五）「言葉の生物学的解体」）、これらは切りはなせない。

最後にまとめとして、よりかんたんなプラナリアの神経系で、記憶と判断を一連の過程としてみてみることにする。基本機能は、ヒトと同じなのだから。

Y迷路の実験を思いだしてほしい（第二章（二）「ともぐいの効果はなにか——生き続ける記憶転移説」）。左に曲がるとえさにありつけると知ったプラナリアは、左か右かの選択に迫られると、いつも左に曲がるようになるというのだった。プラナリアの立場にたって、この過程を最初から追うと、つぎのようになる。

はじめてY迷路の分岐点に達した空腹のプラナリアは、その壁に頭をぶつけて直進できないと知り、とりあえず左折する。その結果、分岐路のおわりで、えさにありつく。このとき、「報酬物質」が特定の神経から分泌される。哺乳類の場合は、ドーパミンである。プラナリアの神経系もドーパミンをもっているが、哺乳類の場合のように、「食べる」などの快い刺激に応じて分泌されるのかどうかはわかっていないので、たんに「報酬物質」とよんでおく。分泌された報酬物質は、分岐点に達する—頭をぶつける—左折する—えさにありつく、という一連のできごとが、記憶として神経系にかきこまれるのを助ける（この過程の細部はわかっていない。第二章（二）「オペラント条件づけ」に言及したとおり）。たとえば、左折するためには、からだの左側の筋肉を相対的に収縮させ、右側のそれを弛緩させる必要がある。そのためには、右側の筋肉を収縮させている興奮性運動神経のパルスを、抑制性神経が止めるとか、あるいは左側の興奮性運動神経の活動を高めるとかの、処置が必要である。この運動神経内の変化も、もちろん報酬物質は固定する。そして、報酬物質作動性神経自身をふくんだ、記憶の三次元的神経ネットワークをかたちづくる。

プラナリアが、その後、どこかの壁に頭をぶつけたとする。どちらかに曲がらなければならない。このとき、この三次元的神経ネットワークがものをいう。似かよった状況下、報酬物質は分泌され、ネットワークも再活性化され、プラナリアは、快い思いとともに、迷うことなく、左折を選択するわけだ。

ヒトの場合、この三次元的神経ネットワークの活動自体を、前頭前野が、行動として噴出してしまうのをおさえつつモニターし、おそらく視覚野が、それをイメージとしてみているから、あたかも「自由意思」が選択しているように感じる。

もちろん、ヒトや哺乳類では、プラナリアとはちがって、「左折する」「右折する」とすくなくとも二つのイメージをつくりだすネットワークが再活性化されるだろう。そして、人によっては、なにかの理由から、えさにありつけない右折の方をえらぶかもしれない。しかし、重要なのは、その場合でも、かならずその先にある「快」を想定しているということだ。脳容量の大きいヒトは、いくつものイメージをつぎつぎによびだし、行動に即むすびつけることなく、みることができるから、はるか先にくるところの、彼にとってはもっとも強い快である「餓死」をイメージし、そのために右折を選択することもありうるわけだ。しかし、生物であるからには、けっして究極的「不快」をのぞむことはないだろう。

「なぜ餓死が最高の快となりうるようにその人はできあがったのか」

これは複雑すぎて、ここで論じるのは、避けざるをえないだろう（注20）。

（注20）むしろ社会心理学の問題であろうが、本書のテーマにそぐう範囲内でいい足しておく。脳容量のおおきいヒトは、「意味づけ」もかなり恣意的におこなえるということだ。たとえば、左折すればえさにありつける場合、ヒトは右折もイメージできるだけでなく、「左折するとえさがあるということ」や「左折や右折をする自分」などをも、イメージすることができる。そしてこれらのイメージは、まったくべつの種類のイメージと連合することが、つまり意味づけられることが、できる。意味づけのしかたは各人ばらばらであり、それゆえ岸田秀はこれを「幻想」とよんだ（第四章（一）「岸田秀「ものぐさ精神分析」」参照）。ヒトは、生物学的には意義矮小な「幻想」に快を付与することができるのである。

（四）　生物のこころについて――感じるということ

第三章（三）での議論をまとめると、つぎのようになる。

「外界からはいってくる感覚刺激によって、脳内に実在する、神経細胞間の連絡網は活発化され、イメージがつくりだされる。イメージを動かすこと、が考えるということであり、イメージにともなう快によって、ひとつのイメージを選択するのが、判断である」

いってしまうとあっけないが、まあよいとして、つぎに「こころ」にまつわるもっとも根源的な「不思議」について、ふれなければならない。

「主観」の問題である。

「なぜある刺激を、そのように感じるのか」

冒頭に引いた石川淳の文章は、このことをいっている。

つねられれば「痛い」と感じ、火にあぶられれば「熱い」と感じる。赤い色は「赤い」と感じ、青い色は「青い」と感じる。「質感」と哲学領域ではよばれるらしいこれら「感じ」は、それなしには生物が活動していきかねる、根本的なものである。感覚刺激にしてもイメージにしても、「感じ」のちがいがあるからこそ、私たちは考え行動することができるのだ。「感じ」

とはいったいなんなのか。

ジョン・ロックの指摘をまつまでもなく、「感じ」はそれ以上分解できかねるものであり、赤は赤という以外に、説明できないものである。だからロックは、これをすべての経験の最初においた。

《言葉と「感じ」》

それ以上分解はできないが、私には、赤なら赤という刺激の受けとり方には、少なくとも二種類あるように思える。「赤を感じること」と、「赤を感じることを感じること」のふたつである。すでにのべたように、前者は抹消感覚で、後者は脳内感覚である。私たちが「赤」とふつうよぶのは、脳内感覚のほうである。ある波長の光を感じるだけでは、それを「赤」として認識することはできない。げんに、意識しなくとも、つまり脳内感覚にたよらなくとも、ちがった刺激にきちんと対応していることはよくある。

まえに紹介した盲目視（blindsight）（第一章（二））という現象は、好例である。第一次視覚野に部分的な傷をうけると、視野の一部がみえなくなる。うしなわれた視野に、なにか物体を提示するとする。患者は当然、なにもみえないと主張するが、視野のどこかになにかがあるから、あると思う方向をみてごらんなさい、とうながすと、患者はみえていないはずのその物体の方向に、正確に目を動かす。どのようにしてわかったのかと問うと、

「あてずっぽうにやっただけ」

と彼はこたえる。

その物体からの光は、患者の目にもちろん届いている。光刺激は、視神経と視床や視覚野の細胞を、興奮させているだろう。つまり患者は物体を「みている」。ところが一部の傷のために、物体をみていることを「意識」する回路が断たれている。それはおそらく、視覚野から頭頂連合野や側頭連合野へいたる刺激の流れだろう。

さらにもっとつっこんでいえば、「赤」という言葉を「赤」という認識にあたえるためには、その認識自体を「客観視」する必要があろう。つまり赤を感じることを感じる必要があろう。

赤の脳内感覚はなぜ赤なのかという大問題を、ひとまずおき（次項でのべるが、おそらく根本的解答はだせない）、言葉について少し考えてみよう。

私たちヒトの「感じ」には、言葉によって成っている部分があんがいおおきくはないかとい

うことである。もし言葉をもっていなかったら、「赤」や「痛み」という言葉がなかったら、赤や痛みを、私たちが感じているように感じるだろうか。

感受性の高い年齢で、言葉のつうじない外国へ放りこまれた経験のある人なら、「世界」は言葉によってできている、という事実に気づいていることだろう。身のまわりのモノやコトの名前を知らないということは、それらモノやコトを知らないということに、かぎりなく近い。むきだしの実存の恐怖である（注21）。しかし、だんだん異国の言葉になれるにしたがい、世界は色を、「感じ」を、おびてくる。音なし画面はみょうに遠い感じがするが、音を入れたとたんぐっと「感じ」をおびるのにそれは似ている。

（注21）ただしサルトルの小説の主人公が、マロニエの奇怪なかたちの根っこをみてもよおした「吐き気」とはちがうものと思いたい。実存——名前などの付属物をはぎとられそこにあるものそのもの——に対して「嘔吐」のようなイメージをあたえたのは実存主義がたぶん最初であろうが、「怖れ」ならわかっても、感受性の欠如ゆえか「吐き気」となると今ひとつわからない。

「頭がいたい」

今までつかったことのない言葉でいっても、痛みの質感はたしかにあるにはあるが、いまひとつ、他人の頭がいたんでいるような感じだ。何度かつかっているうち、ほかならぬ自分の頭になるような気がするが、まちがっているだろうか。森有正（注22）ふうにいえば、「経験」をえることになるわけだ。

（注22）東大仏文科助教授の職をなげうち、森有正は一日本語教師としてパリに移り住み、仕事らしい仕事をのこさぬまま死んだ。『遥かなノートルダム』『遠ざかるノートルダム』などの一連の悲愴なエッセイは、彼がそれなしにはパスカルやデカルトについて論じることができないとした総合的「経験」をうることは、他の文化圏で成人してしまった人間には不可能であることを、残酷にも示している。彼が、死ぬまで「出発の準備」について語り、けっして出発できなかったのはあまりにも有名である。「西洋崇拝」と切って捨てるのは自由だが、森は先人として貴重な例をのちの日本人にのこしたと思う。森のいう「経験」とは、母国語をしゃべるときや母国の風物に接したときにもつあの「近しさ」の感じのことであり、それを彼はフランスの言語風物一般に対して獲得しようともくろんだのである。森の友人でもあり同時期パリに住んだこともある加藤周一（注34、二〇六頁）は、あらかじめその不可能に気づいた。しかし加藤は別段「上滑りに滑った」わけでもなく、その不可能さと「文化」ということを真摯にみつめた。森には残酷かもしれないが付しておくと、晩年には彼も不可能さにじゅうぶん気づいていたと思う。しかしその時点で、いどみつづける以外なにができただろう。

元来、言葉は書かれるものではなく、話されるものだが、視覚、触覚、味覚、嗅覚をとおしてえられる刺激を音に対応させることが「実感」をうむのは、考えてみれば不思議なことだ。頭がいたいとき、旗をサッとあげるように習慣づけても、同じ「実感」はえられるだろうか。無理だとすれば、聴覚はどんな特殊性を秘めているのだろうか。「時間」に関係があるのだろうか。

《「感じ」とイデア》

しかし言葉がなかったとしても、いぜんとして「感じ」はある。赤い感じと青い感じは、やはりちがってありつづける。なぜだろうか。

期待にそむくのは早い方が誠実だろうから、断わっておくと、これにはおそらく「根本的」な解答はだせない。衆をたのむわけではないが、鉄枴（石川淳の同名の短編小説の主人公。肉体から離脱し他界へおもむいた鉄枴はついに「主観とはなにか」の教えをうる。いさんで下界にもどったが、すでに肉体は葬られていた）も真理を他界でえたものの、ついに下界の人間にはつたえられずにおわった。

ヴィトゲンシュタインは、

「私たちはげんに言語をつかっている以上、言語について語ることはできない」
といった。語れる者がいるとすれば、私たちの世界の外側にいる者だけであろうと。同じく、
「私たちはこう感じることにもとづいて活動している以上、こう感じることについて、語ることはできない」
のではないだろうか。

感じるとはなにか、に解答をあたえられなければ、ヴィトゲンシュタインにならっていえば、すべての「説明」はじつはトートロジーである。

たとえば、今はるか上空を旅客機が動いていくのがみえるが、「動く」とはなにか、あなたは説明できるだろうか。ためしてみればわかるが、どこまでいっても「動くということ」それ自体の説明にはなりえず、循環するばかりである。当然といえば当然の話で、動くのをそう感じるのは、生物の前提だからである。そう感じるのが、神経系のありかただからである。「神」なら、感じるとはなにか知っているかもしれない。私たちが知っているのは、私たちはこう感じるということである。

「感じ」それ自体はわからなくとも、「感じ」を現象として特徴づけることで、「感じ」にせ

まるのならできるかもしれない。

一、私たちは、少しくらいちがった刺激にならなら、同じ「感じ」をいだく。逆にいえば、「感じ」は、モノやコトの数だけ無数にあるわけではなく、どうも有限個しかないらしい。

二、それに対して、大きく離れたべつの脳部位に到達する刺激は、ふつう大きくちがって感じられる。つまり、ふたつの物体やふたつの音の間にあるちがいより、物体と音の間にあるちがいの方が、はるかに大きく感じられる。

三、多くの「感じ」では、それを感じる能力は、あらかじめそなわっており、あとは実物に接するだけである。たとえば、ただ一度赤をみれば、それが「赤」であることを知るのに十分である。

四、その他の「感じ」の多くも、発達段階の早期に、迅速に獲得され、一度獲得された「感じ」はけっして変わらない。母国語には母国語にしかない「感じ」がある。外国語ではけっして同じ「感じ」は獲得されない。からだの動かし方の「感じ」でも、たとえば自転車は、失敗をくりかえすうちあるとき突然のれるようになり、この「感じ」はけっして変わらない。

第一章（三）ですでに序論としてふれたように、これらの特徴をもつ「感じ」とは、プラトン哲学にいうイデアであろう。というより、「感じ」を言葉というものにたくすと、イデアとよばれるものになるのだ。逆にいえば、「感じる」ことのできるのは、イデアとよばれるものだけなのだ。私たちは、あるものをみるとき、「そのもの自身」をみているのではなく、そのものによって引きおこされる、そのものの属するところの、すでに記憶されていたイデアを、パターンを、イメージを、ふつうみている。

だからみなれた漢字も、よくよくそれとみると、みたことのないおかしなものにみえてくる。みたことのないものは、「いいようのないもの」である。しかしもう一度みれば、そのものは、属すべきイデアに属し、「感じ」をともなっているかもしれない。あるいはそのものは、まれに新しいイデアをかたちづくっているかもしれない。

「感じ」は、進化的にすでに獲得されているか、発達段階の早くにつくられる記憶である（だからプラトンはイデアを感じることを想起といった）。私たちの知るかぎり、神経細胞の活動そのものに帰するしか、できないものである。

ではそうすると、ちがった脳部位にいたる刺激が、はっきりちがって「感じ」られるのは、もしかしたら、ちがった脳部位中の神経細胞の活動の内容に、じつはなにかちがいがあるからかもしれない、ということになる。

脳内の機能分担について、いよいよ考えてみよう。

（五）脳内の機能分担とはなにか

《イデアと機能分担》

確認しておこう。イデアとは、「赤さ」「小ささ」「軽さ」など、ものそれぞれではなく、もののもつ性質のことである。「赤さ」「青さ」「白さ」などは、「色」というひとつ上のイデアに属し、「小ささ」「大きさ」「長さ」などは、「かたち」というイデアの分子である。第一章でのべたように、イデアはモノではなく、モノがあるがゆえにつくられる、

「なになにであるというコト」

である。ソクラテスやプラトンは、これらのものは不滅であり、したがって私たちの「魂」は不滅であるとした。「魂」がモノではなくコトであることに、もちろん彼らは気づいていたのだ。

彼らが、イデアを肉体から独立したなにか実体のようにあつかったのに対し、脳科学の知見から私は、イデアは脳のはたらきそのものである、としたい。そのはたらきの表出したのが言

葉であり、言葉はイデアなのだ。イデアをパターンという言葉でおきかえれば、
「パターン認識でないものはこの世にはない」（渡辺慧）
のである。

イデアの存在を不思議に感じるあまり、「精神世界」のようなものを想定する人がいるのは、私たちが「感じ」を説明できない、このもどかしさのためである。それからのがれるために、いっそなにかべつの「モノ」であるということにして、安心しようというわけだ。

精神世界がどこかにあるわけではない。あるのは、モノと、モノたちのかたちづくるパターンである。モノにはもちろん、神経細胞もふくまれ、パターンには、自意識を生むそれもふくまれる。

もういわずと知れたことだが、確認のためいっておくと、モノとは、それ本来のすがたは生物にはとらえることのできない、しかし実在はすると信じられるところの、何かである。パターンとは、生物にとってはそれしかかかわることのできない、モノがあるゆえにつくりだされる、モノとモノとの関係である。イデアは、脳の中での後者の発生を言葉に対応させたものである。脳の感じることのできるのは、後者だけである。

「感じ」は神経細胞の活動だが、「痛み」と「におい」のように、まちがえようのないふたつのイデアとして発生しうるのはなぜだろうか。なぜ「感じ」はひとつでなく、いくつもあるのだろうか。

これは、視覚なら視覚という「感じ」のひとつの領域をとっても、さらにいえることである。「感じ」それ自体はわからないにしても、神経細胞の活動をながめると、「感じ」のちがいの状況証拠くらいならみつかるかもしれない。それによって、「感じ」にもうすこしせまることができ、ひいては、脳内機能の分担がすこしはわかるかもしれない。

《神経細胞の活動ぐあいのちがいと機能分担は対応するか》

私たちの「感じる」能力は、感覚にかかわる神経細胞の恣意性のうえにたっている。「明るさ」を感じるのは、網膜からそれにつらなる細胞が、光子によって興奮をひきおこされる性質をもっているからである。「におい」を感じるのは、鼻粘膜にある細胞が空気中の化学物質によって興奮させられる性質をもつからである。これらの性質は、そのようにできている「約束ごと」であり、物理化学的な必然性から一義的にはみちびくことができない。鼻の中に光をあててもちっともまぶしくないのは、化学物質に反応する細胞にとって、光子など屁でもないからだ。

しかしながら、これら抹消の感覚細胞の反応の恣意性、特異性が、すなわち「感じ」をつくりだす、というのではないようだ。眼をとじ、鼻をマスクでかたくふさいでも、私たちはイメージの中で赤さを感じ、香りをかぐことができる。だから「感じ」は、抹消の感覚細胞よりもっと脳の中がわでつくりだされるようだ。

ところがひとたび脳の中へはいってみると、そこはむしろ均質な世界のようにみえる。たとえば、嗅覚の場合なら、鼻粘膜のなかの受容細胞は、興奮をまず、脳の先端の突出した部分（嗅球とよばれる。図11参照）にならんでいる細胞につたえる。興奮させられたそれらの細胞は、その興奮を嗅覚野の錐体細胞へつたえる。錐体細胞は今度は、その興奮を脳内のいたるところへばらまく。この経路の中で、反応にやや特殊性がみられるのは、せいぜい嗅球の細胞までである。

その先の嗅覚野までいってしまえば、そこの細胞の電気的行動は、他の皮質野の細胞のそれと区別はまったくつかないか、ほとんどまったくつかない。それに、内部の細胞は、におい由来の刺激にだけでなく、どんな刺激にでも刺激であればまんべんなく反応してしまう。

視覚の場合も、事情は同じである。視細胞から、その次の層のバイポーラー細胞―ガングリオン細胞とつづく刺激の伝達では、光刺激は光刺激として繊細に処理されるが、ガングリオン細胞からひとたび視床、皮質の視覚野と、伝達が脳の中にはいりこめば、そこの細胞は、刺激の由来にかかわらず刺激でありさえすれば反応する「ふつうの」神経細胞となってしまう。

だから、視覚野の錐体細胞と嗅覚野の錐体細胞の電気活動をていねいに調べて、みつかるかもしれないわずかな違いが、すなわち「明るさ」と「香り」の感じの違いを説明してくれるものとは、研究している本人たちが思っていない。ある刺激に対して、視覚野の錐体細胞は毎秒十五発の発火で反応し、嗅覚野の錐体細胞は五発だったとしても、それが「明るさ」と「におい」の違いだ、というのでは誰も納得しまい。同じ活動パターンをとる細胞なら、ほかの場所でいくらでもみつかるだろう。

錐体細胞ばかりみているからだめなので、いろいろな種類の細胞のつながりぐあいが、視覚野と嗅覚野ではちがうのかもしれない、という意見もあろう。しかしこれも、大脳皮質のちがう部位をくらべてみると、かんたんにはとれない意見であることがわかる。大脳皮質は、その明白な機能分担にもかかわらず、どの場所でも、細胞ひとつひとつをとっても細胞どうしのつながりぐあいをとっても、構造がおどろくほど似ているので有名だ。そしてまずいことに、脳内感覚である「感じ」は、大脳皮質の連合野がはたらいて生まれる公算がおおきい。

当然ながら、脳細胞というのは、すべてが直接にか間接にかつながっている。袋小路があって、そこに「においの感じ」がおさまっているわけではない。脳の中にはいってしまえば、「明るさ」も「香り」も、つながってしまう。これはいったいどうしたことだろうか。

「明るさ」と「香り」の感じが生まれる過程で、決定的にちがっていると思われるのは、これらふたつの明確にちがって感じられる刺激は、明確にちがう受容器から、明確にちがうルート（視覚ならおもに視床の一部と視覚野、嗅覚なら嗅球と嗅覚野）をとおって、連合野へはいってくるということである。

「あたりまえだろ」

笑ってはいけない。まあ聞きなさい。

そしてもうひとつ重要なのは、連合野は、その刺激のとおってきた脳部位に、とくに末端の受容器のほんのすぐ近くまで、信号を送りかえすであろうということだ。たとえば視覚でいえば、脳内からもどってくる軸索は、網膜の視細胞のすぐ次のレベルの細胞群にまで、つながっていることが知られている。嗅覚をとっても、脳内からの信号は、におい受容細胞のすぐつぎの段階、嗅球内の細胞にまで、達する。

これらのことは、なにを意味するか。

経験的に周知のように、刺激源などなくとも、勝手に刺激があるかのようにふるまうことができるということである。ただし、脳は末端の受容器を直接は刺激できないから、ほんとうに見たり聴いたり、嗅いだりはできない。

私のいいたいことは、こうである。

図13のようなループが存在する。このループの特異性が、「感じ」の特異性ではあるまいか。

順をおって、説明してみよう。
一、特殊化された抹消の刺激受容細胞が、特定の刺激（光、化学物質など）により、興奮させられる。
二、興奮は、すぐ次の層の（まだ抹消内か、そのごく近くの）神経細胞群にひきつがれ、特殊化された活動パターンを生みだす。
三、この活動パターンは、視床の特定部位や

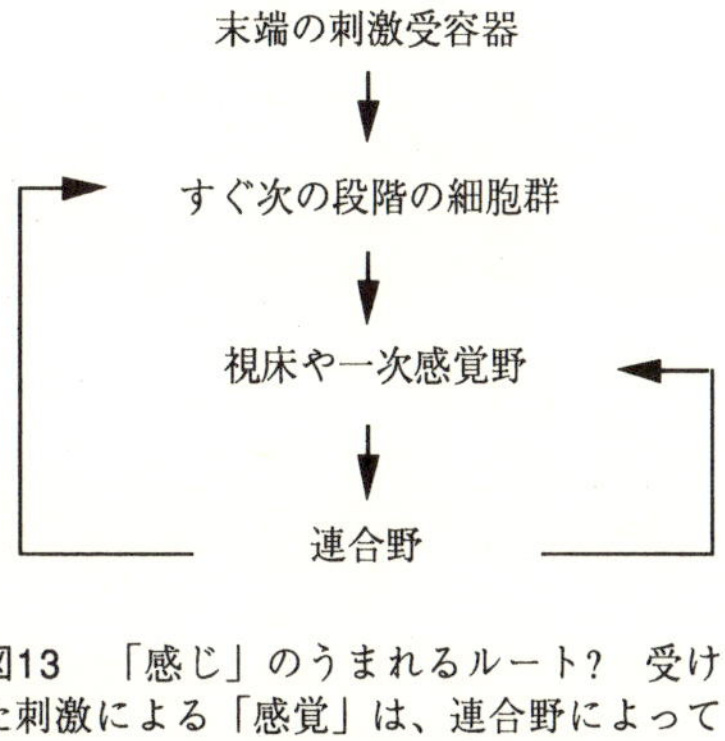

図13　「感じ」のうまれるルート？　受けた刺激による「感覚」は、連合野によって受けとられ、そこにたくわえられたイデアは、それ自体のもつパターンによって限りなく抹消にちかい細胞群をふたたび刺激する。そして「感じ」が、「認識」が、うまれるのだろう。くわしくは本文を参照。

特定の一次感覚野へつたわり、そこの細胞群を興奮させる。ここで刺激は、たとえば長さや角度といった「要素」に分解されるらしい。このあたりまでを、広義の抹消感覚とよんでいいだろう。しかしここからの出力は、もはやもともとの刺激の特異性には、束縛されない。つまり、このレベル（とそれ以降のレベル）の細胞は、刺激であればまんべんなく反応し、出力をつくりうる。

四、分解された、刺激由来の信号は、連合野につたわる。ここには、イデアが、パターンが、神経細胞どうしのつながりぐあいのパターン（回路）として、貯蔵されている。信号は、いくつかのパターンにそって、めぐる。（イデアの貯蔵場所は、進化的遺伝的に、ハードウェアとして決まっているようだが、その機構はわからない）。

「たてに長い」「赤い」といったイデアは、おそらく分散してたくわえられているが、視覚野からの刺激が、これらのパターンを、同時に、活性化する。これを一次脳内感覚としよう。

五、これらのパターンは、網膜や嗅球などの「すぐ次の段階の細胞群」にまで送りかえされる。そして細胞群を、今はいってきた刺激のパターンに似て非なる、脳みずからのパターンによって、興奮させる（図13で、連合野から視床や一次感覚野へもつながりが描かれているのは、たとえば記憶をたよりにある刺激をイメージする場合、あたかも刺激が与えられたかのようにみずみずしくは思い出せないことが多いからである。このような場合には、連合野の活動は「すぐ次の段階の細胞群」にまでは達していないだろうと思われる)。

六、ここから、ループがくりかえされる。つまり脳は、みずからの感じるべきものを感じる、ということになる。プラトンのいう「想起」である。これを二次脳内感覚とよんでもいい。そしてこれが厳密にいう「認識」である。

つまり認識とは、

「なまの刺激にできるだけ合うイデアを感じること」

なのだ。**RE-cognition**とは、よくいったものである。

私たちにとってなまの刺激はすべて、おかしなかたちの雲のようなものなのだ。すでに連合野にたくわえられている各種イデアをくみあわせることにより、雲を動物のかたちになぞらえるように、私たちは、コーヒーカップというイデアや、犬というイデアをみる、つまり認識するのである。また、ふつうの人間なら、目のまえの対象をくりかえしくりかえしみながらでなくては、写生はできない。イデアをみてしまうように、できているからであろう。

もうひとつ、重要なことは、先にのべたように、

「かぎりなく抹消に近い細胞群から連合野までをふくむ、特定のループ内を信号がめぐること
とが、特定の『感じ』に対応しているのだろう」

ということだが、実例として、言葉でいいあらわしにくい、言葉に「毒されて」いない、運動出力について考えてみよう。眼をとじ、なるべく視覚イメージに邪魔されないようにして、頭の中で手を動かし、脚を動かしてみてほしい。ふたつのことには、微妙にちがった「感じ」がともなっている。脳内では、微妙にちがった回路に電気的活動がめぐっているのだ。

右に述べたことは、つくり話ではない。

第三章の（一）で紹介したＰＥＴなどの方法をもちいて、イメージの中でものをみている人の脳細胞の活動を観察すると、脳内ではものを実際にみているときと同じ活動パターンが生じている。抹消の視細胞が、外からの刺激をうけているかいないかのちがいでしかない。イメージの最中、網膜の「すぐ次の段階の細胞群」までが活動しているかどうかは、私の知るところ、調べられていない。小さな領域だから、現在の画像解析能ではうまくみつけられないかもしれない。しかしもし、

「脳のちがう部分を神経インパルスが走ると、ちがった感じをもつ」というのが正しければ、あたかも目のまえに物体があるかのように鮮やかなイメージが感じられるときは、はるか抹消ちかくの神経細胞までが動員されているはずである。いずれ解明されるだろう。

また、つぎのようなおもしろい例がある。

サカナでは、嗅球から網膜へと直接の連絡があるという。これだけでもおどろくべきことだが、なんとその嗅球の細胞の軸索は、精巣刺激ホルモン放出ホルモン（ＬＨＲＨ）を伝達物質として使っているようだ、というのである。精巣刺激ホルモン放出ホルモンは、ふつう視床下部から脳下垂体前葉へむけて分泌され、そこからの精巣刺激ホルモンの分泌をうながす物質である。精巣刺激ホルモンは、血流にのって精巣へ運ばれ、テストステロンなどのいわゆる男性ホルモンの分泌をうながす。男性ホルモンは、からだの性差をうみだし、精子の発達を刺激し、また性行動をうながす。

この事実は、いったいどんなことを意味しうるのか。

嗅球の神経細胞軸索からの精巣刺激ホルモン放出ホルモンが、網膜から精巣刺激ホルモンを分泌させるわけでは、もちろんないだろう。想像にしたがって書くのだが、網膜にむけて分泌された精巣刺激ホルモン放出ホルモンは、網膜の細胞を興奮させることができるか、あるいはこの軸索は、ほかのまともな伝達物質をも持っているのだろう。そして分泌された精巣刺激ホルモン放出ホルモンは、毛細管にとりこまれ脳下垂体へ達するのではないだろうか。つまりかんたんにいえば、サカナは、水中のあるにおいを嗅ぐと、否応なしに鮮かな視覚イメージをもち、しかも同時に性的に興奮するのかもしれないのである。サカナの生態にはうといが、もし異性をにおいで識別しているのなら、特定のメスのにおいが、特定の視覚イメージをおこし、しかも彼を性的にふるいたたせるのかもしれないのである。

まあヒトだって、似たようなことをしている。フェロモンの役割りを論ずるまでもない。ただヒトでは、仕掛けがもうすこし婉曲になっていて、嗅球の細胞は直接網膜を刺激するのではなく（それでは社会生活にさし障りが生じるだろう）、嗅覚野をへて、連合野―視覚野の回路や、辺縁系や視床下部の「感情のイデア」にはたらきかけるのであろう。

《「感情のイデア」と機能分担》

じつは「感情のイデア」とは、二重形容である。イデアは、すなわち「感じ」なのだから、感情はイデアそのものである。ただ、「感じ」といわず「感情」といった場合、ふつう、非常につよい感じ、とくに抹消器官にまで影響のおよぶつよいものをさしている。

怒りや怖れなどの感情は、「感じ」に調味料がぴりぴりきいたものである。第三章の（一）（「脳は活発な分泌活動もおこなっている」「神経修飾系（ニューロモジュレーター）の脳内分布は局在している」）でのべたように、調味料の役をはたすのが、ホルモン、脳内ペプチド、生体アミンのような、それ自体が脳細胞に神経インパルスをおこさせることはできないが、脳細胞の活動を効果的に修飾するはたらきをもつ一連の物質である。

これらの修飾性神経伝達物質（ニューロモジュレーター）の特徴は、その分布にかたよりがみられることである。勘のよい方は、私がどこに議論を誘導しようとしているか、お気づきであろう。はっきりちがって感じられる基本的な感情が、ニューロモジュレーターをもちいる神経回路の活動パターンの特異性に対応している、というのは、かなりありそうなことである。もちろん、あるひとつのニューロモジュレーターが、ある特定の感情に対応しているというより、複数のニューロモジュレーターがいつでも関与している可能性がおおきい。

そしておそらく、ニューロモジュレーターをもちいる神経回路の特定のあるパターンは、グルタミン酸を伝達物質としてもちいる、いわば通常の神経細胞の活動によって、おこされるにちがいない。「感情」ははじめから脳内感覚なのだ。さらに、ニューロモジュレーターをもちいる神経細胞群の活動は、グルタミン酸を伝達物質としてもちいる神経細胞群に対して、はたらき返すだろう。ここにもまた、図14のようなループができあがる。

感情の特徴のひとつは、長くつづくということだ。ひとつのことで二年も三年も怒っている人がたまにいるが、それはときおり思いだして怒りをあらたにしているのであって、私がいうのはもちろんそのことではない。「明るさ」はおろか、「味」や「におい」とくらべても、感情の余韻は長い。マウントキャッスルは、これは辺縁系内を神経インパルスがぐるぐるといつまでも回りつづけるためかもしれない、という。辺縁系はその名のとおり、大脳皮質のすぐ内側を、脳幹や基底核をとり巻くように走る、いくつかの構造の連なりであり、進化的には、大脳皮質より一段階古い。海馬や扁桃核、乳頭体などがそのメンバーであり、記憶の形成と感情の発露（増幅）に不可欠であると考えられている。ニューロモジュレーターの分布は、もちろん広くうけている。そして、その錐体細胞の活

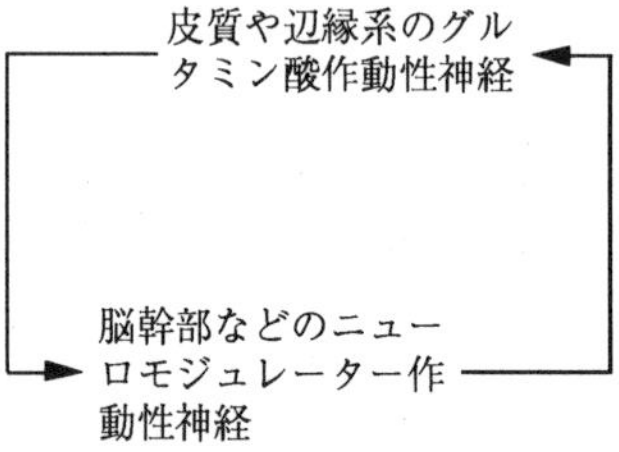

図14　感情のおこりとその行動へのはたらきかけ。グルタミン酸作動性神経がニューロモジュレーター作動性神経を刺激し、感情がおこるのだろう。ニューロモジュレーター作動性神経はグルタミン酸作動性神経にはたらきかえし、ループはくりかえされる。感情は感情をうむ。くわしくは本文を参照。

動パターンの特徴は、すくなくとも海馬でみるかぎりは、くりかえし刺激をうけると、バババッと狂ったように発火しはじめることだ。そこでマウントキャッスルにならっていえば、つぎのような推測がなりたつ。

外界からの刺激によって、ニューロモジュレーターをふくむ神経群が興奮させられると、それは辺縁系の細胞の活動をたかめる。その結果、神経インパルスは狂ったように系内をめぐりはじめ、それがまた、ニューロモジュレーターをふくむ神経群を刺激し、その活動をさらにたかめる。つまり怒りが怒りを、悲しみが悲しみをよぶ。また、大脳皮質の細胞の活動一般をも、それはたかめるだろう。机をこぶしでたたいたり、椅子を蹴とばしたり、手あたりしだいにものを投げつけたりするのは、そのためである。そして、そのように感情にかられているときのことは、のちのちまでよく覚えているものだ（もちろん前頭前野の活動が乖離したヒステリー状態にまでおちいれば、そのときのことは意識的な記憶としてはきざまれないが）。辺縁系の活動のため、大脳皮質の細胞の活動もたかまり、記憶が植えつけられやすくなっているからであろう（前述。第三章（三）「思考の神経メカニズム」）。

「こころ」についての章を終えるまえに、序章で触れた「言葉の解体」についてもうすこしくわしくみてみよう。それにはドーパミン作動性神経のもつ、いくつかの互いに関係ないようにみえるはたらきについて紹介するのが近道だと思う。

第三章（一）「神経修飾系（ニューロモジュレーター）の脳内分布は局在している」のところでのべたが、ドーパミンを合成する細胞はおもに脳幹の腹側被蓋野と黒質という小さな領域にかたまっており、ここから軸索が長くのびて脳内各地に達し、そこのグルタミン酸作動性神経やガンマアミノ酪酸作動性神経のはたらきを修飾する。他のアミン類とあわせ、ドーパミンのはたらきのひとつは「意識レベルの調節」である。

とくにドーパミンは「注意力向上」のはたらきをもっている。覚醒剤をなぜ覚醒剤というかというと、私はやったことはないが、気分がはっきりし注意力がたかまるからである。覚醒剤（アンフェタミン）は、ドーパミン作動性神経の軸索の末端から、ドーパミンを放出させるはたらきがある。

またこれもよく知られるように、覚醒剤を常習すると、やがてそれのもたらす快に依存するようになり、それなしではすませられないようになる。少なくとも哺乳類では、「快」もドーパミン作動性神経のになうはたらきのひとつである。これをしめす好例は、アメリカのオールズたちによって確立された「自己刺激」実験であろう。

一九五〇年代のはじめオールズたちは、「快感中枢を発見した」と発表した。図15にしめしたように、ネズミの脳のある部位に双極電極を植えこみ、歯科治療用のセメントで固定しておいて、電極からのばしたコードを電気刺激装置に接続する。刺激装置は、ネズミが自分で押せるレバーに接続されている。レバーを押すと、電極のあいだを数秒間弱電流が流れる。自己刺激を覚えたネズミは、食べるのも眠るのもほおって、レバーを押し続ける。自分のおかれた箱と、自己刺激用レバーのある箱とのあいだに、高圧電流のかよった橋をもうけておいても、

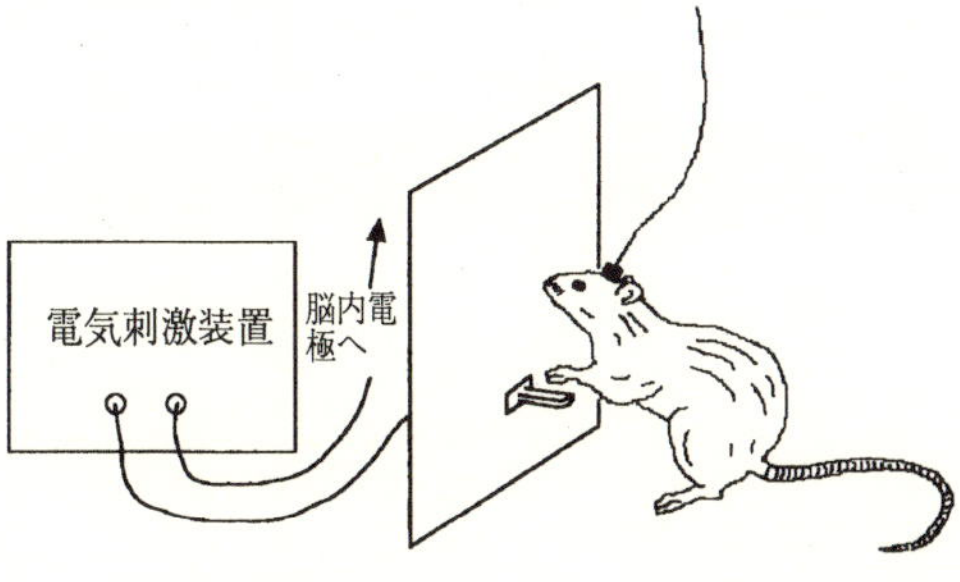

図15　ネズミの自己刺激実験を模式的にしめす。ネズミが実験箱内のレバーを押すと、数秒間、脳内にうめこまれた双極性電極のあいだを弱電流が流れるしくみになっている。オールズらによって確立されたこの実験法は、脳内でのドーパミンの放出そのものが快を生むらしいことの発見に貢献した。しかしドーパミンのやくわりは単純ではなく、その事実は、言葉の生物学的解体の可能性を示唆する。くわしくは本文を参照。

感電をおしてまで渡っていったという。それほど、自己刺激の快は大きい。自己刺激は、人間でもたしかめられた。

オールズたちの実験で電極の植えこまれたのは、海馬の近くの中隔という辺縁系内の核だったが、その後の多くの実験結果から、自己刺激に敏感な脳の部位は、ドーパミン作動性神経の軸索の分布の濃密な部位である、と一般化された。つまり自己刺激は、覚醒剤摂取と同じことになる。たばこ（ニコチン）も、脳幹のドーパミン作動性神経を刺激し、アカンベンス核などでドーパミンを放出させるはたらきがある。

さておもしろいことに、ドーパミンには「注意力向上」「快」と無関係にみえる、さらにもうひとつのはたらきがある。機械的な「動き」の調節である。基底核はドーパミン作動性神経がもっとも濃密にゆきわたっている部位のひとつだが、黒質から基底核へと投射するドーパミン作動性神経が変性し基底核のドーパミンが足らなくなると、思うようにからだを動かすことのできない「パーキンソン病」になる。これは他の哺乳類でも同様であり、「下等動物」のプラナリアでさえ、ドーパミン受容体に効く薬物のとかしてある水中に入れられると、からだをくねくね動かす異常行動がみられる。また「思考と動きは同じことである」ことから察せられるように、もうひとつのドーパミン作動性神経が濃密にゆきわたっている部位、前頭葉にドーパミンが足らなくなると、そこに傷をおった場合と同じか似かよった症状がでる。つまりイメージをいくつかならべてそれを動かしたり比較したりできなくなる。ようするに思考ができなくなる。パーキンソン病の場合でも、イメージの操作に支障がでるとの報告がある。

さらにである。すでに第三章（三）「思考の神経メカニズム」で触れたように、ドーパミンは場面記憶の形成にも一役かっているのが、ほぼ確実である。

さていったい、注意、快、動き、場面のイメージとその操作、場面記憶の形成、これらすべてのことに、同じ物質が、解剖学的に近いつながりのあるいくつかの部位でかかわっているのには、なにか意味があるのだろうか（注23）。一見べつべつにみえるこれらの、あるいは少なくともこれらのうちいくつかのことは、根底において同じことであり、私たちがべつべつの言葉でよんでいるだけなのではないのか。「記憶」や「夢見」という言葉に対応する統一的機能も実体もじつはないように、いくつかのべつべつの言葉がじつは生物学的には「同じひとつのこと」を、違う角度からあらわしたにすぎない、ということなのではないのか。

（注23）ドーパミンにはこのほかにもたとえば、脳下垂体前葉にはたらき乳腺刺激ホルモンの放出をおさえ、脳幹下部にはたらいて嘔吐をうながす（ドーパミン受容体にきく薬物アポモルフィンは催吐剤

としてもちいられる)。これらは同じ物質の部位によるはたらきの違いの例として記するにとどめ、ここでは議論しない。

私の知るかぎり、これにかんすることを文章にして論じた学者は、ニュージーランド、オタゴ大学のロバート・ミラーだけである。ミラーは、少なくとも一部の人にとっては、

「からだを動かすことそれ自体が、快である」

という。

ある程度運動をつづけると、脳内麻薬物質といわれるエンドルフィンやエンケファリンが分泌されはじめ、ランナーズハイという気持ちのいい状態になるのは事実である。エンドルフィンやエンケファリンには麻酔効果があるから、戦闘のとき少しくらいのけがなら続行することができるわけだ。しかしミラーがいうのはこのことではない。動くことそれ自体が、生物にとって快なのではないか、というのだ。

植物をひとまずおくとして、「動く」とは、生物にとって基本的な、なくてはならない能力である。さらに「動く」ということと「考える」ということは、たぶんひとつの同じことであり、少なくとも一部の人にとって、考えることも快である。さらに、「動き」や「考えること」には、「注意」が不可欠であり、その場合意識にのぼっているのは「場面」のイメージで、そ

れはつねに「記憶」から呼び出され「記憶」にかきこまれている。これらのことが、たがいに独立しておこりうるとは私には思えない。

言葉でいいあらわすことのできない「記憶」について考えると、このことはもっとよくわかる。

自転車ののりかたやモーツァルトの曲を、言葉で説明することはできない。そうしてみせるか、口ずさんでみせられるだけだ。せいぜい、

「こうしてああして」

「こんなふうなあんなふうな」

くらいしか、言葉ではいいあらわせない。

自転車にのる、あるいは音楽をきくという、視覚の場合の「場面」に相当することには、言葉で意識されずに、つねに「注意」がはたらき「感情」がからむ。

「自転車のりに、感情がからむか」

とおっしゃるかもしれないが、すでに述べたように、動くことは、とくに習いおぼえたしかたで動くことは、それ自体が快である。なにかを考えていて、ぴたりと答えがうまれたときの快

楽と同じものである（注24）。

（注24）ところで、日本の武道は西洋の武術にくらべて「型」の要素が大きい。あたかも、からだが元来いやがるしかたで動くように、無理じいするかのようだ。この「非合理」な態度は、感覚の動きを三十一文字や十七文字にとじこめようとするこころみや、形式化され、今では形骸化してしまった茶の湯の所作にも、あらわれているように思える。いずれもありきたりの快ではなく、こった快をもとめる態度としか思えない。これをもって西洋人の一部は武道にみせられ、ものを苦労なく売りたい人たちは、「不可解な国」とくやしげによぶのかもしれない。たしかに、西洋の動きにはこんな「裏」はない。

人はいわば「言語神経症」なのだろう。「言葉の呪縛」からできるだけ自由になって想像すると、「生きている」と称される活動中の大きな部分「外界への対処」の一部分を、人はたぶんそれがどのような場合におきたかによって、べつべつの名前でよんでいるのではないか。そうすることによって、べつべつのことであると感じるにすぎないのではないか。言葉をもたず、また脳容量の限界によって行動を自分でモニターする能力にとぼしい動物にとっては、「ただそのこと」があるだけだろう。

もちろん言葉で現実をぶつぎりにすることに、倫理的反対をとなえる意図はない。言語神経症はおたがいさまだし、それ以前にもどることが人間にとって幸福であるとはまったく断言できない（注25）。

（注25）ジェローム・サリンジャー（Jerome Salinger）は、そうするほうが幸福であると考えたふしがある。短編『テディー』の中で彼は、西洋的合理主義、言葉の伝統ゆえに無反省に信じられている、世界は因果的論理的であるという信仰、に反対してみせた。神経症はやわらぐかもしれないが、社会とは疎遠になろう。事実サリンジャーは筆を折り蟄居している。

ドーパミンとその役割についてのべたついでに、最後に「前頭葉―ドーパミン―精神分裂病」の関係についてもちょっとのべ、この章を終えることにしよう。

まず、分裂病の発症に、ドーパミン作動性神経のなんらかの異常が関係しているのは、ほぼ確実である。分裂病にきくとされる薬物はすべてドーパミンのはたらきに介入する（抑制する）ものだし、アンフェタミンはそれを摂取した人に急性分裂病状の行動（幻覚、妄想などの錯乱。陽性症状と専門的にはよばれる）をひきおこすことができる。

また、そのような神経系のなんらかの異常が、前頭葉におきていることも、たぶん確実である。「低前頭葉症」とよばれる状態が、分裂病患者にみられるからだ。これは、ある目的を暫定的に設置し、それにそぐうように現実に対処していくというういわゆる高次能力に支障をきたした状態である。「低前頭葉状態」の人はだから、状況に臨機応変に対処できず同じ方法に固執する。まあいわば乃木稀典のような人である。サルをつかった実験によれば、前頭葉にドーパミンがたらなくなる状態をつくっても、同様の症状がでる。さらに、分裂病患者の慢性症状（陰性症状と専門的にはよばれる）には、快感喪失、注意障害もふくまれる。

したがって、もっとも単純なシナリオはつぎのようになる。なんらかの理由により前頭葉にドーパミンを供給する神経がやられ、低ドーパミン、低前頭葉状態におちいる。これが無論理、快感喪失、注意障害などの陰性症状に対応する。ところがそのような状態になると、放出されたドーパミンをうけいれる受容体が、うしなわれた機能をなるべく補おうとして、ドーパミンにたいして過度に敏感になる。そこになにかのはずみで、ふだんより多量のドーパミンが放出されたらどうなるか。前頭葉機能の異常昂進がおこる、つまり発狂する。

右で論じたように、ドーパミンは生物の外界対処におおきな役割をもっている。おまけに前頭葉は「高次機能」がおおきく局在をしめす部位である。両者にかかわる異常なのであるから、あらわれる症状が複雑で、従来の言葉による診断ではおさまりがつかず、そのため「精神分裂」とあいまいによんでみたり、分裂病は複数の病気のあつまりだといってみたりするのであろう。おかされているのはいわば「生物であること」なのだ。あいまいな言い方になって恐縮だが、

「快」をもたらすべき外界を、そうであるところのものとして統合的に受けとる機能の少なくとも一部が、異常をきたしているのだろう。分裂病に相当する行動は動物にだってもちろんある。ただヒトにおいては前頭葉がおおきく発達しており、またそここそが、脳自身がなにを感じ、これからなにをしようとしているのかを感じる最たる部位でもあるから、行動異常としてあらわれる割合がおおきくなるのだろうと思う。

第四章　より総合的な理解のために

（一）「イデアの起源」について

《のこされた問題》

本書は終わりにちかづくが、いくつかの根源的な問いには、いぜんこたえられないままである。たとえば序章で、

「なぜ、頭頂葉は空間認知に重要で、側頭葉は形体認知なのだ。なぜ逆ではないのだ」

と自問したが、これにじゅうぶんにこたえることは今の私にはできない。同様に、

「なぜアミン類は、他の部位への味つけ作用をうけもっているのか」

という問いも無理である。これらの分担は進化的に決定されたことだが、偶然そうなったのか、物理化学的必然がよこたわっていたのかは、わからない。

ものを有効につかむためには、手のようなかたちをとるのが有利なのはあきらかだ。すくなくとも蹄よりは便利である。定向進化か自然選択かは知らないが、「必要」があり、そこに物理的必然がはたらいたであろうことは、察しがつく。しかしアミン類の機能はどうなのか。アミン類でなくてはならなかった理由があるのか。同様に、頭頂葉、側頭葉という位置関係と、空間認知、形体認知という機能分化とは、なにか必然的関係があるのか。

おしなべて、現在の生物の状態をつくった進化の機構の問題には本書は挑まなかったし、現段階では挑むこともできない。

しかし、本書のテーマからはこれ自体みちくさかもしれないが、ひとつだけ根本のところにはふれておきたい。いわば「イデアの起源」についてである。ひらたくいえば、脳が機能することによって生まれる「感じ」とは独立して、生物をそうであるところのものとしてなりたたせる「根本法則」あるいは「原概念」のようなものはあるのだろうか、ということだ。このようなものが一般に、現代の常識的西洋人の信じる「神」に対応しているのはあきらかだ。

右に、手の構造と機能の発達にはつかむ「必要」があったのではないかとのべた。これはアリストテレスのいった「目的因」のことである。生物をうしろからプッシュする、目的を追及させる（つまり必要をうむ）ところの「力」である。そんな「力」があるから生物は「自律性」「目的追及性」をもっているのだろうか。それとも生物世界には法則性などもともとなく、偶然がかさなることで生物がうまれ、その結果、根本法則とか原概念とかごたくをならべるようになったのだろうか。これはまぎれもなく生物学上の大問題である。白い髭をはやした、いやべつに髭はなくてもいいが、天上から世界をみおろすあの神のいないのがほぼ確実になった今、他人まかせにすることなく、生物学者が考えなければいけないことである。

ここまで私は他人の仕事を引用しながらも、いちおう自分の頭で考えてきたつもりだが、ここにいたってはじめて、（打ってかわって少し気弱になるけれど）他人様の頭をちょっとつかわせてもらう。何人かの先人のいったことをざっとみてみよう。断わっておくが、先人の選択はたぶんに恣意的である。

《モノー『偶然と必然』》

ノーベル賞受賞者ジャック・モノーは晩年『偶然と必然』という書をあらわし、彼の世界観と倫理観について論じた。終章で「知識の倫理」という概念を提出し、安易な結論に安住することなく、知りつづけること、知識をもとめようとしつづけることが、今や私たちにもとめられる最高の倫理だとした。私はこの態度に感心した。しかし彼の提案した生物のなりたちの根本のしくみは、あまりにダーウィニズム的で、失望したのをおぼえている。

モノーは、アミノ酸の偶然の組みあわせによってできた、生命機能をもつたんぱく分子の構造が、自己複製能をもつ核酸分子の塩基配列の組みあわせとして翻訳される結果、そのたんぱくの構造と機能は「必然」として固定されると考えた。一度核酸に翻訳されれば、あとは自己増殖が約束される。そのうえ偶然におこる塩基配列の突然変異によって、新たんぱく分子もつくりだされる。新たんぱく分子は、その分子の属する系の進行にそぐうかそぐわないかという「合目的性」の良し悪しゆえに、淘汰によって選択されるという。かくて生物は合目的性にもとづき発展していく。

モノーは生気論のにおいのするすべての言説をきらい、物理化学的反応に帰することのできない生物界特有の法則などはないと考えた。たしかに右説はすべて、物理化学的反応によって説明されうるようにみえる。

しかし、ひとつひとつの過程はたしかに物理化学の反応に帰することができるが、その「組みあわされ方」についての説明はいぜんとしてぬけている。まず、アミノ酸の組みあわせがどうして核酸の塩基配列の組みあわせへと転移されるのか。渡辺慧（後述）も指摘したが、可能なかぎりのあらゆる「アミノ酸—塩基の三つぞろい」のカップルが偶然でき、それが淘汰されるというのか。そんなことが可能なのか。もしそうなら、この場合だれが淘汰したのか。

それから、系の合目的性というのは、どんな基準で決められるのか。合目的というからには、あらかじめ目的があるわけである。一番かんたんなのは、偶然できたたんぱく分子が、それを「必然」として固定してくれた当の核酸の自己複製を助ける作用（つまり目的）をもっていた場合だろうが（これだと好ましくない突然変異は核酸自身をほろぼし、好ましい突然変異はその核酸が他を駆逐するのを助ける）、そんなうまいことが偶然おこるだろうか。

《今西錦司『生物の世界』》

モノーと反対に、機械論的説明をいっさい無視し、観察経験からみちびかれた直感で生物の性質を論じたのが、今西錦司であった。今西は「今西進化論」でもっともよく知られ、その中心理論、

「生物は変わるべきときがきたら、いっせいに変わる」

ではアカデミア各方面の失笑を買ったようだ。しかし思想的生い立ちを語った戦前の著『生物の世界』は、なかなかどうして意味ぶかい名著である。同じ「京都学派」とはいえ、桑原武夫

もこれを近代日本の名著のひとつにあげた。

西洋の学者は世界を粒子に分解し記述するのが好きだが、今西は東洋の伝統にのっとってか、もっと全体的直感的である。これをもって一部の西洋の学者は、今西の議論を文化人類学的考察の対象としたから、今西や弟子たちは激怒したのである。

それはさておき、今西にとっては、生物界も無生物界も同じ原理のうえになりたっている。私たちがそもそも世界を認識できるのは、生物の構造が無生物をなりたたせる構造と根をひとつにするものだからであり、構造がそうならそこからうまれる機能もそうであろうという。したがって無生物にも「無生物的な」生命があり、また生物は環境の延長でもある(注26)。そして、生物にとっては(たぶん無生物にとってもであろう)、生きること、そうありつづけること自体が、目的であるという。

(注26) 今西は生物と環境のつながりを口を酸っぱくして強調し、食べものをふくめて生物が環境を認めるということは、環境の生物化であるとまでいった。このように信じた人にとっては、コノハムシがコノハのようになり、ナナフシがフシ枝のようになるのは、べつに不思議でもなんでもなかったのではあるまいか。ところで興味ぶかいのは、そのメカニズムはさておき、生物には環境だけでなく、他の生物にも似てくる傾向があると思われることである。同部屋の女性の生理周期が協合してくるの

は機能面での例で、これはフェロモンの存在で「科学的に」説明されている。これ以上いうと良識をうたがわれる可能性があるのでひかえるが、形態面でも例があるように思える。

このような世界観生物観が、のちの「生物は変わるべきときがきたら（つまり環境が変わったら）いっせいに変わる」という提唱になったわけだ。

今西は「根本的な存在原理」のあることを信じている。それは世界にこのような構造をあたえたなにものかであり、生物無生物にかぎらず、そのようにさせているところのなにかである。曖昧なのは私が悪いのではない。今西自身がこのような言い方しかしていないのだ。はっきりしているのは、モノーがアミノ酸の偶然の寄りあつまりを生命のはじまりとしたのに対して、今西はそもそも生命を生物特有のものとはみていない。もともとひとつから出発した以上すべてつながっていていいはずだ、と考えている。

無生物と生物を分け、また動物と人間を分けた西洋風世界観からすれば奇妙な提案だろう。しかしアミニズムに慣れた人ならべつだん違和感はないかもしれない。それはそれでいいのだが、そうするとひとつ疑問に思うのは、今西が生物無生物の構造の由来の同一を提案したうえで、生物の「統合性」を強調している点だ。いったいこの「統合性」は無生物に由来をもつものなのか違うのか。「組みあわされ方の恣意性をふくむ」と本書や他書で特徴づけられたところの生物の構造は、その「存在原理」をほんとうに無生物世界にまでもとめることができるのか。

《ヘーゲル『歴史哲学講義』》

大ヘーゲルについて大きなことをいうと八方から槍が飛んできそうでおそろしい。それに白状するといくつかの本でのききかじり以外、ヘーゲルその人の考えに直接ふれたのは右の書でだけである（注27）。おまけに彼はむしろ社会哲学者とでもいうべき思想家で、たぶん生命や生物の特性などは学問的興味の外だった。にもかかわらずあえて言及するのは、ヘーゲルがまぎれもなく宇宙や歴史を発展させるところの中心原理を信じた人だからであり、またその思想（のすくなくとも一部）は、事物よりも観念や修辞にとらわれると人はどのような羽目におちいるのかをしめす好例だと思うからである。

（注27）『歴史哲学講義』はよみものとしてはおもしろい。アジアを論じる部分は大教授の良識を疑わせ、ローマ帝国のくだりはアメリカ帝国について語っているのかと読者を錯覚させる。

ヘーゲルのいうことは正直、ゴタゴタとむずかしく、単純明快を好む私のようなものには理解するのがたいへんである（あのラッセルも似たことをいっているのでほっとする）。わかったと思う範囲でいえば、彼は自意識（自分自身をみつめる目、つまり本書でいう脳内感覚）を精神の「安定している」「自由」な状態であるとし、これこそが精神の「本質」であり、私たちのもとめるべきものであるとした。これを追いもとめ知ることのできた人だけがほんとうに「自由」なのである。

これにだんだんと近づきつつ、随時の不完全な認識にもとづいて社会を建設したのが人類史の各段階である。歴史は精神の発展過程として記述できるところの方向性をもつ。そしてこの発展過程は、宇宙を律する超自然的原理にそもそものっとっている。それはよく知られているように、「あるひとつの『真』にいたらない状態は、その非完全さゆえに内部に矛盾をきたしてつぎの段階へと移行し、最終段階の完全な状態へと向かう」とするいわゆる弁証法の原理である。この過程と、最終的にたどりつくべき完全な「真理」をヘーゲルは宇宙の根源的なにかと考えたらしい。そして彼は物質と精神とを峻別し、発展するのは精神の方だとした（マルクスはこれをひっくりかえして、物質的に記述できる発展過程が精神状態をきめるとした）。

このあたりでやめておけばよかったと私などは思う。しかし大ヘーゲルは実際においた人類の歴史を、この考えのもとに読みなおしたのである。彼によれば東洋人は今でも「自由」を知らない状態にとどまっている。ギリシャ・ローマ人も厳密には知らなかった。「自由」を追及する人類史の最終段階にあるのは、ゲルマン社会であり、ゲルマン人こそがほんとうに自由なのだ（注28）。この徹底的なヨーロッパ中心主義、ゲルマン中心主義こそが、彼の思想形成に大役をになったのであって、逆ではなかったのではないかと思うが、いずれにしても、その当時ヨーロッパが世界でなにをしていて、その百年後に「自由」を追及しおえたはずのドイツがなにをしたかは「歴史」の知るところである。

（注28）「最終段階」とずいぶん強調するので、それではそれから先はもうなにもないのか、人類の歴史は終わりなのかと悪態をつきたくなる。

なにはともあれヘーゲルは大上段にかまえた。絶対的真理がある。私たちの「自由な」精神、外部のものに触発されておこるのではない精神の中にもとづくところの自意識（そんなものはじつはないと思うが）は、絶対的真理にちかづくべき人のなしうる最高の状態であるというのであろう。今西とは対照的に、ヘーゲルは物質と精神とを峻別したが、発展を保証する法則があたえられているとする点では「根本的存在原理」を信じた今西につうじる。そして両者ともに、あるといわれてもそれを聞くものに眉唾の感をいだかせるのも、否定できない共通点である。

《岸田秀『ものぐさ精神分析』》

「はじめに」でも言及した心理学者岸田秀も二元論者である。モノの世界と意味の世界のふたつがあるのだ。「意味」について、本書で論じた例をひきあいに出して説明すれば（第二章（二）「光がすくみ反応をひきおこすようになるのはなぜか――獲得される行動、こころのはじまり――」も参照）、フラッシュ光をあてられてもなんの反応もしめさなかったプラナリアが、光が電流とともに到来する状態に置かれたあと光そのものにも回避反応をしめすようになるのは、光についての「意味」に反応するようになったから、ということになる。意味の世界は生物の世界である。

岸田はさらにつづける。動物の意味のつけかたはたいてい本能的に決まっており、したがって外界と行動とがいわばぴたりとそぐうようになっている。これに比して、ヒトにおいては（脳容量がおおきいため）意味のつけかたは各個人まちまちになりうる。ヒトの住む世界はいわば各人ばらばらの「幻想」の世界であり、ヒトは（自意識ゆえに）つねに外界とのあいだに齟齬感不安感をいだいている。解決策としてヒトは他人と「幻想」を共有することをあみだした。なるべく多くの人に受けいれられるような「共同幻想」があれば、それを共有することでまとまりも生まれる。そのようにしてできたのが国家である。国家の歴史とは共同幻想の変転や衝突の歴史である。こうして彼は「史的唯幻論」をとなえる。しかしそれは、ここでの考察の対象ではない。

意味、本書の言葉でいえばモノとモノとの関係、に反応することが、進化さえも決定すると岸田は考えた。今西の「いっせいに変わる」という部分を支持し、変わるのは変わるべきときがきたからというより変わるべき「意志」があるからだとしたのである。生物の獲得した形態や生活様式は、その生物がみずからの「意志」でえらんだものである。ハイエナが死肉をあさるのは、そのほうが苦労して獲物をとらえるより良い、とハイエナの祖先が決心した結果である。そのために起こる形態変化はだらだらしたものではなく迅速であろう、とも岸田はいった。たとえば海の中でくらしたほうが良いと考えた陸上動物の脚がヒレに変わるのに膨大な時間がもしかかったら、脚だかヒレだかわからない中間物はどちらにも適応できず、その動物は結局そのあいだに滅んでしまうだろうという（まあアザラシやアシカは立派に生きてはいるが）。これは急激に進行する進化の事実にそぐう。また「意志」の強すぎるがんこ者を想定すれば、定行進化をも説明できる。

岸田の進化論はさておき、「意味」に生物が反応するのはたしかである（それは本書のテーマでもある）。しかし岸田にとって「意味」とは生物がみとめるからあるもの、あるいは生物の誕生とともに生まれたものなのだろうか。それとも、今西の存在原理のように、そして古典的プラトン主義のいうように、生物の存在に先だって、あたかもモノがあるように、あるものなのだろうか。「社会精神分析学者」岸田にそこまで期待するのは酷かもしれないが、論じてもらいたかった。

《渡辺慧『生命と自由』》

物理学者で情報科学者、渡辺慧（注29）は、生物を生物たらしめる特質について、むだな修辞をろうすることなく真正面から考えた人である。彼は、

「『生命とはなにか』にこたえるのは、定義をくだすことではない。それでは『人間とは二本足で歩く動物である』という定義で満足するのと同じことになりうる」

と警告し、

「『生命とはなにか』にこたえるのは、生命の特徴と思われる種々の性質のうちからとくに重要なものを選びだすことだ」

といった。

（注29）渡辺には一度だけ会ったことがある。正確にはみたのである。一九八七年、ニュージーランド、オタゴ大学でのことであった。環太平洋平和フォーラムとかいう会議がオタゴ大学で開かれ、渡辺は講演者のひとりとしてまねかれていた。知るのが遅かった私は彼の講演は聴きのがしたが、会場にすわっている彼を発見し、少しはなれてすわった。不審な東洋人を渡辺は認め、目と目があった。緊張した私は会釈すらできなかった。

それは「非決定性（未来の状態を現在の状態から決定できないということ、著者注）」「価値追及性（未来指向性）」「実行能力」「脱物質性（変化を通じての自己同一性）」の四つであるという。そして、これら四つの特質に合致する概念はなにかと考えると、不思議なことにそれは「自由」であるという。生命は自由の追及である、と渡辺はいうのである（注30）。

（注30）言葉（訳語）は同じでもヘーゲルの自由とはまったくちがう。ヘーゲルは人間の意識の、ある状態を、自由といった。

渡辺はしかし「自由」という概念を提出して満足したわけではなかった。「自由」の物質的基礎をも考えた。彼の考えを要約するとつぎのようになる。神経系は莫大なエネルギーをつねに消費し、部分的エントロピー減少系をかたちづくっている。エントロピー減少系は、エントロピー増加系とは反対に、逆因果的である。つまり現在の一状態は未来のいくつもの状態に対応してしまい、なにが将来到来するのか現在から決定することができない。むしろ未来の状態が現在を決定するといえるのである。この神経系の非決定性、逆因果性が、いわば生物を前からひっぱる力なのではないか。それゆえに価値の追及ということがうまれたのではないか。

渡辺は右の「自由」「逆因果性」と、「脱物質性」(つまりコトとしての生命)との関係についてははっきりとした説明をあたえていないが、たぶんこういうことだろう。低エントロピー物質をうみだす過程自体が、秩序だったものを維持するという意味で、脱物質的、変化をつうじて自己同一的であり、また低エントロピー物質によって再生産されつづける反応や状態も、やはりそうである。

どうも、高エネルギー物質(低エントロピー物質)にまつわる過程・反応に、生命のもと、生物の活動の基礎を(ちょっと飛躍していえば「イデアの起源」を)もとめるのはあながち荒唐無稽ではないかもしれない。すると、エントロピー増加系と減少系のふたつがあったことになる。前者は物質界であり、後者は物質からなりたつ生物界である。後者では、ある状態(モノとモノとの関係、パターン)の維持が物質によっておこなわれており、それはコトであり機能である。

渡辺の議論は、モノーの「偶然と必然説」よりかゆいところに手がとどいており（注31）、また今西の「根本の存在原理説」より具体的で説得力に富む。岸田の「意味の世界」の由来をも示唆している。

（注31）遺伝暗号の由来についても、渡辺はかなりの紙面を割き議論している。結論は、あのようなものがアミノ酸と核酸の偶然のむすびつきと淘汰によってできあがったとはとても考えられない、逆因果的に考えれば無理なく説明できそうだ、ということであった。渡辺はモノーには触れていないが、彼の「偶然」説には首をかしげたのではないか。ただしモノーは遺伝暗号の由来が偶然であるとはいわなかった。それにかんしては回答をあたえていないのだ（モノーの項参照）。

渡辺慧に助けられここまできた。しかし次項（二）では起源の問題からはなれ、現象そのものへ話をもどす。本書で論じられたことをより大きな思想の流れの中に置いてみるとどうなるか、まずみてみることにしたい。そしてそのあと、本書のまとめとしてヴィトゲンシュタイン的悲観へと論をみちびきたい。私たちの知っているのは、私たちの知っているところのものだけ、知るようになっているところのものだけである、と。

「それじゃおまえはなぜ右のようなことを知ったかぶりして書いたのだ」

とおっしゃられるかもしれない。まったくそのとおりであって、反論はしない。

(二) 合理主義と経験主義、そして構造主義

《英仏の確執》

ご存じのように、フランスとイギリスとは仲がわるい。何世紀にもわたってたがいに憎みあい、殺しあってきた。地理的にこんなにも近く、人種的にも、私の目からみれば五十歩百歩なのに、これほどがんこに違いを主張し、事実おおきな違いのある国どうしも珍しい。カナダ人とアメリカ人なら、たがいに牽制しあっても、その実コカコーラとペプシコーラの違いほどしかないが、フランス人とイギリス人は、ワインとウィスキーほども違う。

違いはあらゆる面におよんでいるようにみえる。フランスを愛した永井荷風は、泣く泣く帰朝しなければならなかったとき、出航地であるロンドンへとむかう車中、フランスの田園の、天女が羽衣なびかせ舞いおりてきそうなやさしい風景はイギリスにはない、とイギリスをこきおろした(注32)。これも、ある程度まで真実なのである。

(注32)『ふらんす物語』の中。荷風は出航前ロンドンに一泊し、食堂でフランス人の娘と同席になりまたまたイギリスをこきおろす。帰朝し小説家になった荷風は、下町を愛し権力をのろい、和洋折衷

を蛇蝎のごとく（丸谷才一）きらった。彼の中にあったのはたぶん「江戸」と「フランス」だったのだろう。

思想的な対立は、合理主義（rationalism）対経験主義（empiricism）としてもっともあきらかにあらわれている。

人には経験に先だって「知的原理」があらかじめそなわっているとするフランス（を中心とした大陸）の合理主義と、すべて人の知的活動能力は、生まれおちてからの経験によってつくられるのだとするイギリス経験主義。前者はあるべき原理を想定し、そこからその理に合うように、人間や世界を理解しようとする。後者はそういう「主観」は排し、私たちの知っている個々の経験から出発して、いずれ世界観を、樹立できるものなら樹立しようという。前者は演繹的、後者は帰納的、考え方が反対である。

容易に察しがつくように、キリスト教ヨーロッパでは、合理主義のほうが経験主義より古い。ようするに、創造主のプランが人にあらかじめそなわった原理だったわけである。それに対し、大陸からはみだした後進部で、カトリシズムの権威から比較的自由だったイギリスにおこった経験主義には、

「おそれおおくも神の意向など直接知ることはできないのだから、神の宿るところの私たち

や、ほかの動物や事物の、個々の現象にあたっていくことにとりあえずしよう」という思考上の傾向がみえる。これはとりもなおさず、ダーウィニズムをふくむところの近代科学主義の態度だが、もともとは、毎日土を耕し家畜を追っている、つまりからだを張って生きている田舎者の発想であろう。

イギリスやその純血の嫡子であるニュージーランドには、今でも、

「理由はどうあれ、とりあえずそうなってしまったものはしかたない」

とつぶやきながら、ひとりラジオを組みたてたり、車を修理したり、家のペンキぬりをしたりしている人を大勢みかける。経験主義を生んだ精神風土のなせるわざなのだ。ゴニャゴニャ考えず手足を動かそう、という態度だ。近代スポーツのほとんどすべてがイギリス由来なのもうなずけることだ。

それに比して、合理主義者フランス人は、もっと主知的である。額をよせあわせ理屈をこねるのが大好きである。論理的にあきらかな理由がなければ、けっして手を動かそうとはしない。理由というのが、修辞学的遊戯の結果であっても、よって立つ前提がまちがっていた可能性があっても、言語上首尾一貫していればすくなくともその場ではよしとする。フランスでは会議の結果は信用してはならない。決定はあとでコロコロ変わるからである。

かくてフランス人が、
「美とはなんぞや」
「真は存在するのか」
と思考にふけっているうち、となりは産業革命をすませてしまった。個々の現象の記述追及それ自体がおもしろくなり、神のことなどおおかた忘却した。そのうち神もめでたく殺されて、だれもとめるものがなくなり、気がつくと、原子爆弾は炸裂し、アームストロング船長は月面を闊歩していたのである。

構造主義は、意匠をかえた、妥協した合理主義である。フランスの、経験主義への逆襲である。そう私には思える。

言語（思考）や文化には、人類共通な「組みたてられ方」が底にあるという。神のプランを「構造」という「モノの言葉」におきかえたのだ。

構造主義という合理主義が「科学的」でありうるのは、「構造」がつねに暫定的だからだろう。あるレベルで構造を仮定しておけば、その構造の構造について、客観的に比較記述することが可能なのである。言葉をかえることにより、人にあらかじめそなわった知的原理を「客観的に」記述することができるようになったのである。もちろん、構造の構造の構造と皮をむいていくと、いつかは「原構造」にぶつからなければならず、そこからは逃げ道がない。そうしてたどりつく原構造、神のプランが、多くの哲学者や生命学者にとってはＤＮＡ分子なのだが、これはいわば話が逆で、構造主義はもともと、遺伝子の研究など、生物学生命科学の進歩に触発されて生まれてきたものではないのか。

《統一理論？》

生物の神経系のはたらきは、構造主義と経験主義のふたつを合併させると、うまいこと説明がつく。ここにおいて、英仏は仲よく手をつなぐのだ。

ここでは三角形の認識を例にとって、考えてみよう。

経験主義哲学の祖、ロックによれば、ヒトはいろいろなかたちの三角形を何度もみることで「三角形」という抽象概念をうるのだというが、これはありそうもない。

「三角形」は、無数のさまざまなかたちの三角形を、そのうちにふくむ。ロックの言に忠実にしたがうと、無数の経験をつんでからでなくては、「三角形」という抽象概念はえられないことになる。なぜなら、もし十の三角形をみて「三角形」という概念がひとまずえられたとしても、十一個目の新しい三角形があらわれてしまったら、「三角形」という抽象概念は刷新されなければならないからだ。したがって、すべての三角形をみてからでなければ、すべての三角形に適応できる抽象概念はえられない。つまりそんな概念をうるのは不可能だということになる。

ところが現実には、子供はせいぜい一、二か、多くてもいくつかの特殊な三角形をみただけで、つぎにどんな突飛なかたちの三角形があらわれても、その「三角形さ」ゆえに、それが三角形であると知ることができる。

つまり経験主義に欠けているのは、

「第一番目の特殊な三角形と、第二番目のべつな三角形とのあいだに、『三角形さ』という概念でくることのできる共通性があるということそれ自体をなぜそもそも人は知っているのか」

という不思議への回答なのだ。そのルールを知らずには、三角形に接したという経験はつみあげられない。

脳の中には、いわばあらかじめ「三角形さ」が用意されていて、それにそぐう個体が出現するのを、つまり経験をうるのを、待っているのだ。この、特殊なかたちのものを「三角形さ」

という「感じ」に吸収してしまえる神経系の能力が、「構造」によってあらかじめあたえられているのだ。イデアは「構造」の機能そのものなのだ。

プラトンは、イデアは肉体をはなれて存在し、新しい肉体ができればそれに宿り、その肉体は特殊な三角形をみることで、「三角形さ」を思いだすのだとした。私は、イデアは肉体をはなれては存在しない、と考える。「存在する」とする人は、私たちの神経系が「三角形さ」を感じるようにできているのに、それが神経系の機能そのものなのでそれについて説明できないため、そういうものは彼岸へあずけてしまおう、と考える人である。

《脳は脳が感じることのできるようにしか感じることができない》

脳は脳が感じることのできるようにしか感じることができないのだ。脳の中には、「三角形さ」と私たちがよぶところのパターンが、神経細胞どうしの時間的あるいは空間的パターンとして、入っているのだ。「三角形さ」は外にあるのではない。脳の中にあるのだ。

ことわっておくが、三つの角をもった空間的パターンが視覚野あたりにはりついている、などと私はいっているのではない。「三角形」という「言葉」にまどわされてはいけない。三角形は視覚に特殊な「感じ」、イデアではない。それは聴覚を経てであろうが、触覚を経てであろうが、はたまた味覚を経てであろうが、うることのできるものである。パターンは、どこから入ったかにかかわらず、脳内に入ってしまえば同じだ。神経細胞があるパターンで活動すること、そのことそれ自体が、「三角形」と私たちがよぶところの感じを生むのだ。

そのパターンは、たしかに、識別可能な程度に、時間的あるいは空間的に離れた、神経細胞にとっての三つのできごとからなりたつということはいえるかもしれない。それでも、「三つ」といったからといって、「三」が独立してどこかに存在するわけではない。「三」も、私たちがそう感じるところのもの、イデアにほかならず、認識する者が消えされば、同時に消えさるべき運命にあるのである。

《プラトンに逆もどり》

プラナリアが生きて死ぬように私たちは生きて死ぬ。

そういいきってしまうことに、もはやなにも不都合はないであろう。プラナリアがプラナリアの世界しか知らないだろうように、私たちは私たちが知ることのできるようになっているものしか、知ることはできない。もし人類が消えていなくなったら、そのあとにもし世界が存続したとしても、それは私たちの知らないべつの世界なのだ。犬の知っている世界であり、ゴキブリの知っている世界である。人類の滅亡とともに、人類の知っていた世界は消える。

「モノは心の中にだけ存在する。感知されないものは存在しない」

といったジョージ・バークリーを、だれも笑うことはできない。優秀な物理学者が大金をつぎこんで日夜研究しても、

「モノそのもの、matter」

の存在は、仮説上のものに終わらざるをえない。「モノそのもの」があったとしても、私たちはそれを見ることも聞くこともできないからだ。

かつてあるアメリカ人の同僚は、

「人間が脳を理解するより先に、脳の方が進化してしまうだろう」

と、よく冗談めかしていっていた。

だがすくなくともあと一、二世紀は、脳が進化することもなく、今の調子で研究は続けられていくだろう。「ある心理状態にあるとき脳がどんな生理状態になっているか」という相関関係は、細部の細部まで調べられるだろう。

そうなったあと、いくつかの神経細胞群の活動パターンを、

「これが、悲しみです」

と提示されて、

「ははあ、これだったのか。俺を苦しめていたのは」

——人は満足できるかどうか。たぶん、できないだろう。

そこまで行って、脳科学はとだえる。なぜならそれ以降は悲しみそのものが問題となってしまい、それを、「あるものをべつのなにかにおき換え、それをもって理解したとする」いわゆる科学の方法でどうにかできるとは、思えないからである。いずれ「客観的記述」のあとに「主観の復権」とでもいうべき時代がくるのではないか。

「西洋哲学はすべてプラトンの脚注である」

といったのはたしかホワイトヘッドであった。プラトン以前にも、プラトンのようなことを考えた人はいた。「問題」はありつづける。私たちは同じところをぐるぐる回っているのである。

プラトンに逆もどり。

おわりに

安部公房はユダヤ人を「覚醒の地獄」に生きる人々とよんだ（注33）。

「日本人でなければ俳句はわからない」

などという人がいたように、

「フランス人の血が流れていなければラシーヌはわからない」

といった人々が、かつていたのである（サルトル著『ユダヤ人』、岩波新書）。ヨーロッパのユダヤ人は、帰するべき母なる大地をもたず、生に覚醒しつづける宿命にあった。

（注33）エッセイ『内なる辺境』でのべた。安部自身が一歳のときから東大入学前まで満州に暮らし、日本の風土には違和感をもっていた。彼がユダヤ人に興味をしめし、作風にカフカの影響がみられるのは、偶然ではない。安部はカフカの町プラハをもおとずれている。

ところが現代では、自国にいてさえ、多くの人々が「覚醒の地獄」に生きている。神も同化すべき大義名分もとっくに死んだ。現代の「個人」はジャコメッティの人間像より頼りなく、おそれおびえている。おそらくだから、東西を問わず猫も杓子も、愛、愛と追われるように騒いでいるのである。

本書にもし倫理的メッセイジがあるとすれば、

「とことん覚醒していただきたい」

ということである。現代の生には理由も目的もない。人は酒に酔えても生に酔うことはできない。道の終わりに「目的」が、「ご苦労さま」と三つ指ついて待ってくれているわけではない。加藤周一(注34)は、無知が差別をうむといった。加藤は正しく倫理的な人である。人はものを知れば知るほど、大言壮語できなくなるものだ。加藤のひどく憎む、不正確で大雑把な言葉を放言しているのは、いったいどんな人たちであろうか。

(注34)加藤周一の功績は、「非専門の専門家」の名にたがわず驚異的な量の幅広い知識を一個人が獲得できる可能性を示したことと共に、その知識を徹底的に意識的にもちいるとどのような世界ができあがるのかを示したことであろう。後者の点で加藤はかたくななカルテジアンである。ちなみに彼は

論理を重んじるがゆえに、論理的に説明できない「美」にも魅せられるが、その魅せられている自分自身をも論理的に理解しようとした。徹底した倫理人である。

覚醒するとは、本当を知ることだ。知るのは酔うことほど楽しくはないかもしれない。またすべてを知ることができるわけでもない。しかし、ひとの家に土足であがりこむ酔っぱらいほど迷惑なやつはいないのである。

「愛は地球を救う」……

寝言をいっているやつが、地球を滅ぼすのだろう。

主要参考文献

Adolphs, R., Tranel, D., Bechara, A., Damasio, H. & Damasio, A.R., Neuropsychological approaches to reasoning and decision-making, *Neurobiology of Decision-Making*. Damasio, A.R. et al. (eds), Springer-Verlag, Berlin, 1996.

Berkeley, G. A., *Treatise concerning the Principles of Human Knowledge/Three Dialogues between Hylas and Philonous*. (Latest edition) Open Court Publishing Company, La Salle, Illinois, 1993.

Bullock, T.H., *Structure and Function in the Nervous Systems of Invertebrate*, Vol. I. T.H. Bullock, G.A. Horridge (eds) Chapter 9. W.H. Freeman and Company, San Francisco and London, 1965.

Carpenter, M.B., *Core Text of Neuroanatomy*. (4th ed) Williams and Wilkins, Baltimore, 1991.

ジャンピエール・シャンジュー (Changeux, J.-P.)『ニューロン人間』(新谷昌宏訳)、みすず書房、1990.

Dehaene, S., Dehaene-Lambertz, G. & Cohen, L., Abstract representations of numbers in the animal and human brain. *Trends in Neurosciences* 21, 355-361, 1998.

ヘーゲル『歴史哲学講義』(上下)(長谷川宏訳)、岩波文庫、一九九六。

池田清彦『構造主義と進化論』海鳴社、一九八九。

今西錦司『生物の世界』講談社文庫、一九八〇。

石川淳『おとしばなし集』集英社文庫、一九八八。

ケストラー・A『サンバガエルの謎』(石田敏子訳)、サイマル出版会、一九八四。

岸田秀『ものぐさ精神分析』中公文庫、一九八二。

Kolb, B. & Whishaw, I.Q., *Fundamentals of Human Neuropsychology*. (3rd edition) W.H. Freeman and Company, New York, 1990.

McConnell, J.V., Memory transfer through cannibalism in planarians. *Journal of Neuropsychiatry 3*, (suppl. 1), 42-48, 1962.

牧野尚彦『ダーウィンよさようなら』青土社、一九九七。

Miller, R., Striatal Dopamine in Reward and Attention: A System for Understanding the Symptomatology of Acute Schizophrenia and Mania. *International Review of Neurobiology 35*, 161-278.

村上元彦『どうしてものが見えるのか』岩波新書、一九九五。

ジャック・モノー (Monod, Jacques)『偶然と必然』(渡辺格・村上光彦訳)、みすず書房、一九八六。

中原秀臣・佐川峻『進化論が変わる』講談社ブルーバックス、一九九五。

野田又夫『デカルト』岩波新書、一九九四。

Otani, S., Protein Synthesis Involvement in Long-Term Potentiation in The Rat Dentate Gyrus. *University of Otago Doctor of Philosophy Thesis*, 1989.

Pechenik, J.A., *Biology of the Invertebrates*. 2nd edition, Wm. C. Brown Publishers, Dubuque IA, 1991.

プラトン『パイドン』(岩田靖夫訳)、岩波文庫、一九九八。

プラトン『メノン』(藤沢令夫訳)、岩波文庫、一九九八。

Posner, M.I. & Raichle, M.E., *Images of Mind*. Scientific American Library, New York, 1994.

Russell, B., *The Problems of Philosophy*. Prometheus Books, Buffalo, New York, 1988.

Sarnat, H.B. & Netsky, M.G., The brain of the planarian as the ancestor of the human brain. *Canadian Journal of Neurological Science 12*, 296-302, 1986.

Shepherd, G.M. (ed), *The Synaptic Organization of the Brain*, Oxford University Press, New York, 1990.

養老猛司『唯脳論』青土社、一九八九。

渡辺慧『認識とパタン』岩波新書、一九七八。

渡辺慧『生命と自由』岩波新書、一九八〇。

Whitehead, A.N., *Concept of Nature*. (Latest edition) Cambridge University Press, New York, 1993.

Wittgenstein, L., *Tractus Logico-Philosophicus*. (Latest edition) Routledge & Kegan Paul Ltd, New York, 1996.

Young, P.A. & Young, P.H., *Basic Clinical Neuroanatomy*. Williams & Wilkins, Baltimore, 1997.

ま行

や行

ら行

わ行

索　引

著 者　大谷　悟〔おおたにさとる〕

1961年埼玉県に生まれる．北海道大学獣医学部卒．ニュージーランドのオタゴ大学大学院で博士課程終了（心理学，神経科学）．フランス国立衛生医学研究所 (INSERM)，アメリカのバージニア大学，ロッシュ分子生物学研究所などで研究．現在フランス国立衛生医学研究所上級研究員．

みちくさ生物哲学

2000年 2 月22日　第 1 刷発行

発行所　(株) 海 鳴 社

〒101-0065 東京都千代田区西神田 2 - 4 - 5
電話（03）3234-3643（Fax共通） 3262-1967（営業）
振替口座　東京 00190-31709
組版：海鳴社　印刷：三報社印刷　製本：三水舎

出版社コード：1097
ISBN 4-87525-193-9

©2000 in Japan by Kaimei Sha
落丁・乱丁本はお取り替え致します

書名	著者	本体価格
構造主義生物学とは何か 多元主義による世界解読の試み	池田清彦	2500
構造主義と進化論	池田清彦	2200
突発出現ウイルス	S・モース編 佐藤雅彦訳	6000
地球の海と生命	西村三郎	2500
DNAからみた人類の起原と進化	長谷川政美	2500
野生動物と共存するために	R・F・ダスマン 丸山直樹訳	2330
森に学ぶ エコロジーから自然保護へ	四手井綱英	2000
植物のくらし 人のくらし	沼田眞	2000
知性の脳構造と進化 精神の生物学序説	澤口俊之	2200

本体価格